U0946903

"十二五"国家重点图书出版规划项目

洞庭湖生态经济区研究丛书

The Research Series of Dongting Lake Ecological Economic Zone

洞庭湖生态系统服务功能研究

赵运林　董萌　著

湖南大學出版社

内容简介

洞庭湖是我国第二大淡水湖，在国际湿地中占有重要地位。湖区生物多样性丰富，具有强大的产品生产与资源供给等生态服务功能。本书在大量研究和广泛借鉴国内外有关洞庭湖湿地研究成果的基础上，全面论述了洞庭湖生态系统服务功能的内容和内涵，重点探讨了其生态功能价值的外在体现形式及可持续发展模式；同时深入分析了影响洞庭湖生态系统服务功能的多方面因素，提出将生态补偿作为有效保障措施，并系统研究了洞庭湖生态补偿机制的构建方案。此外，本书还就提升洞庭湖生态系统服务功能的具体措施方面作了初步探讨。

图书在版编目（CIP）数据

洞庭湖生态系统服务功能研究/赵运林，董萌著．—长沙：湖南大学出版社，2014.12

（洞庭湖生态经济区研究丛书）

ISBN 978-7-5667-0766-6

Ⅰ.①洞…　Ⅱ.①赵…　②董…　Ⅲ.①洞庭湖—生态系统—服务功能—研究　Ⅳ.①X321.264

中国版本图书馆 CIP 数据核字（2014）第 300403 号

洞庭湖生态系统服务功能研究

DONGTINGHU SHENGTAI XITONG FUWU GONGNENG YANJIU

作　　者：赵运林　董　萌　**著**

策划编辑：刘　旺

责任编辑：肖立生　**责任校对：**全　健　**责任印制：**陈　燕

印　　装：国防科技大学印刷厂

开　　本：710×1000　16 开　**印张：**9　**字数：**172 千

版　　次：2014 年 12 月第 1 版　**印次：**2014 年 12 月第 1 次印刷

书　　号：ISBN 978-7-5667-0766-6/F·382

定　　价：36.00 元

出 版 人：雷　鸣

出版发行：湖南大学出版社

社　　址：湖南·长沙·岳麓山　　**邮　　编：**410082

电　　话：0731-88822559(发行部),88821594(编辑室),88821006(出版部)

传　　真：0731-88649312(发行部),88822264(总编室)

网　　址：http://www.hnupress.com

电子邮箱：pressxls@hnu.cn

洞庭湖生态经济区研究丛书

总 序

“洞庭湖研究丛书”是湖南省洞庭湖区域经济社会发展研究会的专家学者和实际工作者以洞庭湖区域经济、社会、文化发展为研究对象所取得的研究成果的结晶。“丛书”首卷于2011年问世，此后将陆续出版。它的出版，旨在为当政者提供决策参考，为后来者留下研究资料。

“洞庭天下水”，洞庭湖是世界知名的淡水湖，是湖南的母亲湖。它接纳四水，吞吐长江，通江达海，交通便捷。洞庭湖区物华天宝、人杰地灵、历史悠久、文化厚重。“湖广熟、天下足”，自古以来，它就以“鱼米之乡”誉满天下。新中国成立以后，八百里洞庭生机焕发，成为我国重要的粮、棉、麻、油、鱼、猪生产基地，为我国的粮食安全、水利安全、生态安全作出了巨大贡献，是湖南经济的重要支柱和最具活力的增长板块。面对经济全球化、信息化、工业化、后三峡时代和区域经济协调发展的新形势，洞庭湖区出现了许多新情况、新问题，面临着新的机遇和挑战。如何抓住机遇、迎接挑战、跨越发展，进一步发挥洞庭湖“生态之湖”“调蓄之湖”“富民之湖”的重大功能，是洞庭湖区人民的殷切期望，也是促进“长株潭”城市群两型社会和全面小康建设，加速中部崛起的客观要求。

2009年春，一批对湖区发展具有强烈使命感的专家学者和实际工作者，拟组建湖南省洞庭湖区域经济社会发展研究会，以便进一步系统深入地研究洞庭湖区域发展问题。在湖南省委、省政府的关心支持下，研究会于2009年12月24日正式成立。这是湖南省第一个以洞庭湖区域发展为研究对象的省级学术组织。

研究会成立以后，广大会员针对洞庭湖区域经济社会发展战略、发展规划、生态环保、水利交通、城乡统筹、产业升级、文化旅游、发展历史等重大问题，广泛调查、深入研究、举办论坛、集思广益、百家争鸣，逐步取得了一些成果，催生了这套“丛书”。

“丛书”的编写力图站在历史的高度、时代的高度、科学的高度，坚持历史与现实、理论与实践、经济与文化、生态与发展、系统与开放的有机结合，面向实际，面向未来，着眼全局，博取众长，努力使之具有科学性、前瞻性、时代性、可行性，为洞庭湖区域又好又快发展提供理论依据和智力支持。

发展无止境，认识无终点。今天的研究仅为开篇破题之举、抛砖引玉之作。我们将与时俱进，探索不止。希望能有更多的有识之士来为洞庭湖区域经济社会发展献计献策、赐教赐稿，让洞庭湖区这颗祖国的中部明珠更加璀璨，让“洞庭湖研究丛书”这块理论园地百花齐放。寥寥数语，言不尽意，权当总序。

2011年秋于长沙

（总序作者系湖南省人大常委会原副主任、湖南省洞庭湖区域经济社会发展研究会会长）

目 次

01 **绪论** ······ **001**

1.1 湿地生态系统服务功能概述 ······ 001
1.2 湿地生态系统服务功能研究现状 ······ 009
1.3 湿地生态系统服务功能的恢复与保护 ······ 013

02 **洞庭湖湿地生态系统服务功能的价值与评估** ······ **022**

2.1 洞庭湖湿地生态系统服务功能的内容与价值 ······ 022
2.2 洞庭湖湿地生态系统服务功能的评估 ······ 028
2.3 洞庭湖湿地生态系统服务功能现状 ······ 042
2.4 洞庭湖湿地生态系统服务功能的影响因素 ······ 052

03 **洞庭湖湿地生态系统服务功能的可持续发展** ······ **060**

3.1 可持续发展的主体——湿地生物 ······ 060
3.2 可持续发展模式的探索 ······ 071

04 **洞庭湖湿地生态系统服务功能的保障——生态补偿** ······ **080**

4.1 生态系统服务功能与生态补偿的关系 ······ 080
4.2 洞庭湖湿地生态补偿制度的建立 ······ 084

05 **三峡工程对洞庭湖湿地生态系统服务功能的影响** ······ **093**

5.1 对洞庭湖湿地生态系统的影响 ······ 093
5.2 对洞庭湖湿地生态系统服务功能价值的影响 ······ 098

5.3 应对措施 …… 100

06 **洞庭湖湿地生态系统服务功能的保护与增强** …… **107**

6.1 保护的必要性、原则与任务 …… 107
6.2 保护的基本措施——生态恢复 …… 114
6.3 提升要点与增强措施 …… 125

参考文献 …… **129**

后 记 …… **133**

编后记 …… **135**

01

绪　论

1.1 湿地生态系统服务功能概述

1.1.1 湿地与湿地生态系统

地球上有三大生态系统，即森林生态系统、海洋生态系统和湿地生态系统。其中森林生态系统被称为“地球之肺”，湿地生态系统则被称为“地球之肾”。

1.1.1.1 湿地的概念

（1）湿地的广义概念

“湿地”，广义上讲，泛指暂时或长期覆盖水深不超过 2 m 的低地、土壤充水较多的草甸，以及低潮时水深不超过 6 m 的沿海地区，包括各种咸水或淡水沼泽地、湿草甸、湖泊、河流以及洪泛平原、河口三角洲、泥炭地、湖海滩涂、河边洼地或漫滩、湿草原等。按《国际湿地公约》定义，湿地系指天然或人工、长久或暂时之沼泽地、泥炭地或水域地带，带有静止或流动的，或为淡水、半咸水或咸水水体者，包括低潮时水深不超过 6 m 的水域，潮湿或浅积水地带发育成水生生物群和水成土的地理综合体，是陆地、流水、静水、河口和海洋系统中各种沼生、湿生区域的总称。湿地是地球上具有多种独特功能的生态系统，它不仅为人类提供大量食物、原料和水资源，而且在维持生态平衡、保持生物多样性和珍稀物种资源以及涵养水源、蓄洪防旱、降解污染、调节气候、补充地下水、控制土壤侵蚀等方面均起到重要作用。

（2）湿地的狭义概念

由于湿地和水域、陆地之间没有明显边界，加上不同学科对湿地的研究重点不同，湿地的定义在发展上一直存在分歧。湿地（wetland）这一概念在狭义上一般被认为是陆地与水域之间的过渡地带；广义上则被定义为“包括沼泽、滩涂、低潮时水深不超过 6 m 的浅海区、河流、湖泊、水库、稻田等”。《国际湿地公约》对湿地的定义是广义定义，这一定义包含狭义湿地的区域，有利于使狭义湿地及附近的水体、陆地形成一个整体，便于保护和管理。湿地的研究活动则往往采用狭义定义。美国鱼类和野生生物保护机构于 1979 年在《美国的湿地深水栖息地的分类》一文中，重新将湿地定义为“陆地和水域的交汇处，水位接近或处于地表面，或有浅层积水”，并指明其至少应具备以下特征之一：①至少周期性地以水生植物为植物优势种；②底层土主要是湿土；③在每年的生长季节，底层有时被水淹没。

另外还有一种湿地定义方式，认为湖泊与湿地以低水位时水深 2 米处为界，按照这个湿地定义，世界湿地可以分成二十多个类型，这个定义目前被许多国家的湿地研究者接受。湿地的水文条件是湿地属性的决定性因素。水的来源（如降水、地下水、潮汐、河流、湖泊等）、水深、水流方式以及淹水的持续期和频率决定了湿地的多样性。水对湿地土壤的发育有深刻的影响，湿地土壤通常被称为湿土或水成土（hydric soil）。

1.1.1.2 自然湿地

湿地的类型多种多样，通常分为自然湿地和人工湿地两大类。自然湿地包括沼泽地、泥炭地、湖泊、河流、海滩和盐沼等。人工湿地主要有水稻田、水库、池塘等。据资料统计，全世界共有自然湿地 855.8 万平方公里，占陆地面积的 6.4%。这些湿地类型包括：

①海域。潮下海域：低潮时水深不足 6 m 的永久性无植物生长的浅水水域，包括海湾和海峡；潮下水生植被层，包括各种海草和热带海洋草甸；珊瑚礁等。潮间海域：多岩石的海滩，包括礁崖和岩滩；碎石海滩；潮间无植被的泥沙和盐碱滩；潮间有植被的沉积滩，包括大陆架上的红树林等。

②河口。潮下河口：河口水域即河口永久性水域和三角洲河口系统。潮间河口：具有稀疏植物的潮间泥、沙或盐碱滩；潮间沼泽包括盐碱草甸、潮汐半盐水沼泽和淡水沼泽；潮间有林湿地包括红树林、聂帕榈和潮汐淡水沼泽林等。泻湖湿地：半咸至咸水湖，有一个或多个狭窄水道与海相通。盐湖（内陆排水区）：永久性和季节性的盐水或碱水湖泥滩和沼泽等。

③河流。永久性的河流：永久性的河流和溪流，包括瀑布、内陆三角洲等。暂时性的河流：季节性和间歇性流动的河流和溪流；河流洪泛平原，包括河滩、洪泛河谷和季节性泛洪草地等。

④湖泊。永久性的湖泊：永久性的淡水湖（8 km^2以上），包括遭季节性或间歇性淹没的湖滨；永久性的淡水池塘（8 km^2以上）。季节性的湖泊：季节性淡水湖（8 km^2以上），包括洪泛平原湖。

⑤人工水面。如水库、池塘、水稻田等属于广义湿地（得到湿地公约的认可）。

1.1.1.3 人工湿地

除了上面所述的自然湿地之外，近年来人工湿地受到越来越多的重视，其在生态服务中所起的作用也越来越大。人工湿地是一个综合的生态系统，它应用生态系统中物种共生、物质循环再生原理，结构与功能协调原则，在促进废水中污染物质良性循环的前提下，充分发挥资源的生产潜力，防止环境的再污染，获得污水处理与资源化的最佳效益。人工湿地处理系统具有缓冲容量大、处理效果好、工艺简单、投资少、运行费用低等特点，非常适合中、小城镇的污水处理。主要有以下几种形成类型：

①表面流人工湿地。表面流湿地与地表漫流土地处理系统非常相似，不同的是，在表面流湿地系统中，四周筑有一定高度的围墙，维持一定的水层深度（一般为 10～30 cm），湿地中种植挺水植物（如芦苇）；向湿地表面布水，水流在湿地表面呈推流式前进，在流动过程中，与土壤、植物及植物根部的生物膜接触，通过物理、化学以及生物反应，污水得到净化，并在终端流出。

②潜流式人工合成湿地。人工湿地的核心技术是潜流式湿地。一般由两级湿地串联，处理单元并联组成。湿地中根据处理污染物的不同而填有不同介质，种植不同种类的净化植物。水通过基质、植物和微生物的物理、化学和生物途径共同完成系统净化，对 BOD、COD、TSS、TP、TN、藻类、石油类等有显著的去除效果。该工艺流程主要包括内部构造系统、活性酶体介质系统、植物培植与搭配系统、布水与集水系统、防堵塞技术、冬季运行技术等。潜流式人工合成湿地的形式分为垂直流潜流式人工湿地和水平流潜流式人工湿地。利用湿地中不同流态特点净化进水，经过潜流式湿地净化后的河水可达到地表水Ⅲ类标准，再通过排水系统排放。

③沟渠型人工湿地。沟渠型湿地床包括植物系统、介质系统、收集系统。主要对雨水等面源污染进行收集处理，通过过滤、吸附、生化反应达到净化雨水及污水的目的，是小流域水质治理、保护的有效手段。

1.1.1.4 湿地的一般功能

从生态学和经济学的角度看，湿地具有特殊的生态功能和经济价值，它具有持续地为人类提供食物、原材料和水资源的潜力，并在防洪抗旱、保护生物多样性以及旅游休闲等方面发挥着重要作用，给人类带来了巨大的经济效益、生态效益和社会效益。综合来看，湿地发挥着以下十三个方面的功能：

①提供水源。湿地常常作为居民生活用水、工业生产用水和农业灌溉用水的水源。溪流、河流、池塘、湖泊中都有可以直接利用的水。其他湿地，如泥

炭地沼泽、森林可以成为浅水水井的水源。

②补充地下水。我们平时所用的水有很多是从地下开采出来的，而湿地可以为地下蓄水层补充水源。从湿地到蓄水层的水可以成为地下水系统的一部分，又可以为周围地区的工农业生产提供水源。如果湿地受到破坏或消失，就无法为地下蓄水层供水，地下水资源就会减少。

③调节流量，控制洪水。湿地是一个巨大的蓄水库，可以在暴雨和河流涨水期储存大量的降水，再均匀放出，减弱危害下游的洪水，因此保护湿地就是保护天然储水系统。

④保护堤岸，防风。湿地中生长着多种多样的植物，这些湿地植被可以抵御海浪、台风和风暴的冲击，防止其对海岸的侵蚀，同时它们的根系可以固定、稳定堤岸和海岸，保护沿海工农业生产。如果没有湿地，海岸和河流堤岸就会遭到水流的破坏。

⑤清除和转化毒物和杂质。湿地可减缓水流速度，当含有毒物和杂质（农药、生活污水和工业排放物）的水流经过湿地时，流速减慢，有利于毒物和杂质的沉淀和排除。此外，一些湿地植物，像芦苇、水浮莲等能有效地吸收有毒物质。在现实生活中，不少湿地可以用作小型生活污水处理地，这一过程能够提高水的质量，有益于人们的生活和生产。

⑥保留营养物质。流水流经湿地时，其中所含的营养成分被湿地植被吸收，或者积累在湿地泥层之中，净化了下游水源。湿地中的营养物质滋养了鱼虾、树林、野生动物和湿地农作物。

⑦防止盐水入侵。沼泽、河流、小溪等湿地向外流出的淡水限制了海水的回灌，沿岸植被也有助于防止潮水流入河流。如果过多抽取或排干湿地、破坏植被，淡水流量就会减少，海水会大量入侵河流，影响人们生活、工农业生产及生态系统的淡水供应。

⑧提供可利用的资源。湿地可以给我们多种多样的产物，包括木材、药材、动物皮革、肉蛋、鱼虾、牧草、水果、芦苇等，还可以提供水电、泥炭、薪柴等多种资源。

⑨保持小气候。湿地可以影响小气候。湿地水分通过蒸发成为水蒸气，然后又以降水的形式降到周围地区，保持当地的湿度和降雨量，有利于当地人民的生活和工农业生产。

⑩野生动物的栖息地。湿地是鸟类、鱼类、两栖动物栖息、繁殖、越冬的场所，其中有许多珍稀、濒危物种。

⑪航运。湿地的开阔水域为航运提供了条件，具有重要的航运价值，沿海沿江地区经济的迅速发展主要依赖于此。

⑫旅游休闲。湿地具有自然观光、旅游、娱乐等美学方面的功能，蕴涵着丰富秀丽的自然风光，是人们观光旅游的好地方。

⑬教育和科研价值。复杂的湿地生态系统、丰富的动植物群落、珍贵的濒危物种等，在自然科学教育和研究中都具有十分重要的作用。有些湿地还保留了具有宝贵历史价值的文化遗址，是历史文化研究的重要场所。

1.1.2 湿地生态系统服务功能的内涵

1.1.2.1 生态系统服务功能的基本概念

由于研究历史较短，目前还没有形成关于生态系统服务、功能和价值的统一认识。国外学者 Daily 把生态系统服务定义为自然生态系统及其物种所提供的能够满足和维持人类生活需要的条件和过程。国内有学者提出，生态系统服务功能是生态系统与生态过程所形成及所维持的人类赖以生存的自然环境条件与效用，即通过生态系统的功能直接或间接得到的产品和服务，包括提供人类生活必需用品和保证人类生活质量的功能。由此可见，湿地生态系统服务是湿地生态系统所提供的能够满足人类生活需要的条件和过程，即湿地生态系统发生的各种物理、化学和生物过程为人类提供的各项服务。它的功能是湿地生态系统所形成的环境结构和效用，而湿地生态经济价值评价是基于湿地生态系统提供的服务，运用评价方法将抽象的服务转化为人们能感知的货币，直观地反映湿地各项服务所创造价值的评判过程。湿地的“功能”强调的是过程，是提供服务的基础和前提，“服务”是功能所导致的对人类生存有益的结果，如较干净的水、较好的景观以及人类健康风险的减小等，它突出了人的需要，而湿地的“价值”是严格的经济学术语，是人类对其服务支付意愿的货币表达。

综上，生态系统服务功能的概念可简单定义为：是指生态系统与生态过程所形成及所维持的人类赖以生存的自然环境与效用，包括对人类生存及生活质量有贡献的生态系统产品和生态系统功能。生态系统服务功能及其价值评估研究对于促进生态系统可持续管理具有重要作用。

1.1.2.2 生态系统服务功能的研究历史

人类对生态系统服务功能及其经济评价的研究始于 20 世纪 60 年代中期，并逐渐发展成为生态学与生态经济学的重要分支。国外研究人员 Daily 所领导的研究小组于 1997 年出版了 *Nature's Service：Societal Dependence on Natural Ecosystem*，首次全面介绍了生态系统服务功能的概念、内涵、价值评估原则方法和实例研究。Costanza 等学者研究了生物多样性与生态系统服务功能的关系，并对全球生态系统的经济价值进行了初步评估。在此基础上，许多学者对湿地生态系统进行了拓展性研究，成立了全球湿地经济网络（GWEN），并多次召开国际会议。2000 年，*Ecological Economics* 杂志以专辑形式出版了有关湿地生态系统服务价值评价研究的最新成果。考虑到诸多市场和社会因素，以及评价方法的影响，当前对有效性评价的探讨也日渐深入。有学者对不同评价方法进行了分类和比较，建立了各项服务与评价方法的对应等级；另有研究者应用市场价格模型对生态系统进行了评价，例如 Asafuv Adjaye 等在考虑市场边际成本基础上用资源地评价方法计算了资源价值。相对于欧美等国，我国对湿地评价的研究起步虽晚，但也取得了一些成果。如陈仲新等学者较为完整地探讨了中国生态系统效益的价值，欧阳志云等人系统探索了中国陆地生态系统服务功能的价值，另有学者则对某一地区或某一类型生态系统的服务功能价值进行了研究。这些研究成果大大充实和提高了我国在湿地生态学领域的研究成果和水平。

1.1.2.3 湿地生态系统服务功能的内容

湿地生态系统服务功能与前面所述的湿地功能在内容上有许多相同或相似之处，前者强调了湿地在整个环境系统和人类生产中所发挥的生态效益和效能。结合我国湿地研究现状和实际情况，湿地生态系统服务功能的具体内容可以从下面几个方面陈述：

①调节径流，控制洪水。湿地能将过量的水分储存起来并缓慢地释放，从而将水分在时间上和空间上进行再分配。过量的水分，如洪水，被贮存在土壤（泥炭地）中或以地表水的形式（湖泊、沼泽等）保存着，从而减少下游的洪水量。湿地对河川径流可起到重要的调节作用，可以削减洪峰，均化洪水。据研究，沼泽对洪水的调节系数与湖泊相近。沼泽土壤具有巨大的持水能力，因此被称为“水物蓄水库”。据在三江平原的实验，沼泽和沼泽化土壤的草根层和泥炭层的持水能力巨大，泥炭层的空隙度达 72%～93%，最大持水量 400%～600%，饱和持水量在 500%～800%，最高可达 900%；草根层持水量一般在 300%～800%。沼泽径流系数小于耕地，一次性降水产生的流量，沼泽明显小于耕地，沼泽地开垦后饱和持水量呈明显下降趋势，草甸沼泽土 0～16 cm层年下降速率为 6.22%。湿地既可作为表面径流的接收系统，也可以是一些河流的发源地，地表径流源于湿地而流入下游系统，这些湿地通常是下游河流重要的水量调节器。控制洪水的能力因湿地的类型而异，已经水饱和的河边湿地不能蓄水，所以雨水和上游来水经过这里直接流入河中，这个区域为过渡区域，使河水流量加大。与此相反，洪泛平原在洪水期可以储存大量洪水，从而削减洪峰高度减少下游洪水风险。长江沿岸 1954 年的特大洪水，最大来水量 $4.85\times10^4 m^3$，而最大出水量仅 $2.24\times10^4 m^3$，削减率达 53%。湿地植被也可减慢洪水流速，从而进一步减少洪水的危害。

②供水功能。湿地常作为居民生活用水、工业用水和农业用水的水源。如河流、水库、溪流、湖泊等可直接被利用，而泥炭沼泽地常作为浅水水井的水源。由于湿地所处地势不同，一块湿地有可能成为另一块湿地的供给水源地。一块湿地为另一块湿地提供水源的过程和功能是很重要的，如湘、资、沅、澧四水上游的河流和湖库，其入湖水量的多少直接关系到洞庭湖的水位。当水由湿地渗入或流到地下蓄水系统时，蓄水层的水就得到了补充，湿地则作为补给地下水蓄水层的水源。从湿地流入蓄水层的水随后可成为浅水层地下水系统的一部分，因而得以保持。浅水层地下水可为周围维持供水水位，或最终流入深层地下水系统成为长期水源。湿地水源补充地下水，对于依赖中/深度水井作为水源的社区和工农业生产来说很有价值。

③滞留与降解污染物，净化水质。湿地被誉为“地球之肾”，是因其具有减少环境污染的作用。当水体流经湿地时因水生植物的阻挡作用，缓慢的水体有利于颗粒物的沉积，许多污染物质吸附在沉积物表面，随同沉积物而积累起来，从而有助于污染物储存、转化。一些湿地的水生植物如挺水、浮水和沉水植物，所富集的重金属浓度比周围水体高出10万倍以上。水浮莲、香蒲和芦苇等都已成功地被用来处理污水，其中芦苇对水体中污染物质的吸收、代谢、分解、积累和减轻水体富营养化等具有显著效果，尤其对大肠杆菌、酚、氯化物、有机氯、磷酸盐、高分子物质、重金属盐类悬浮物等的净化作用尤为明显。国外自20世纪60年代以来，就对苇塘的生态效应展开研究。我国学者通过测定太湖湿地中的芦苇根茎，发现“六六六”和“DDT”含量为水体含量的125和2 933倍；另有学者研究表明，在镉含量为3 mmol/L的污水中，芦苇幼苗没有表现出明显受害症状，故芦苇对处理镉含量较高的工业污水具有很大应用价值。在人工芦苇湿地中，芦苇对BOD、COD、TN、TP平均去除率分别为85.72%、76.36%、49.34%、29.39%。有学者在芦苇根孔净化污水的研究中发现，污水经过土层一定时间处理后，得到了净化，其中对TP的净化能力最大，达到85.8%～92.4%，TN为41.3%～43.5%，COD为29.8%～54.1%。根据在黑龙江省七星河流域芦苇田的实验，芦苇田对As的净化能力为96.06%，Fe为94.64%，Mn为94.54%，Pb为80.18%，Be和Cd为100%。以上结果表明，芦苇湿地系统对净化湖泊、水库的水质具有非常重要的作用。但湿地吸纳沉积物、营养物和有毒物质的能力是有限度的，不能仅仅依靠湿地来缓解过量的沉积物、营养物和有毒物质的污染，而要改变流域内土地利用方式，减少污染物向湿地的排放。

④丰富生物多样性。中国幅员辽阔、自然条件复杂，导致湿地生态系统多种多样。湿地景观的高度异质性为众多野生动植物栖息、繁衍提供了基地，因

而在保护生物多样性方面有极其重要的价值。据统计，中国湿地已知高等植物825种（其中被子植物639种），鸟类300种，鱼类1 040种，分别占已知生物种数的2.8%（2.6%）、26.1%和37.1%。独特的湿地生境在物种基因库保护方面有着巨大的经济价值。袁隆平利用海南实地的野生稻（*Oryza rufipogon*）雄性不育系培育成水稻三系（不育系、保持系、恢复系），使水稻产量成倍增加，同时大大降低了制种成本，开创了大面积种植杂交水稻的新局面。我国目前6个省区分布有野生水稻，其遗传多样性非常丰富，为水稻进一步杂交育种提供了宝贵的基因资源。中国湿地还养育着许多野生物种，从中可培育出数个商业性品种，给我们带来更大的经济价值。

⑤调节气候，改善大气质量。湿地调节气候功能包括通过湿地及湿地植物的水分循环和大气成分的改变调节局部地区的温度、湿度和降水状况，调节区域内的风、温度、湿度等气候要素，从而减轻干旱、风沙、冻灾、土壤沙化过程，防止土壤养分流失，改善土壤状况。如果湿地上游水土流失严重，则会导致集水区沉积物的增加，致使湿地的蓄水量和湿地面积减少，而且还可导致湿地吸纳沉积物的能力大幅降低，从而造成湿地调节气候的能力下降。芦苇是湿地主要的植物资源，素有“第二森林”之美称。芦苇根系从土壤吸收大量水分后，大部分通过茎叶的气孔以水汽的形态逸入大气中。其蒸腾系数为637～862，即生产1 t芦苇要蒸腾70 t左右的水分。这一生物调节作用能有效地净化空气，润泽一方水土。芦苇不但能够湿润空气，而且能够通过光合作用吸收空气中大量的CO_2。湿地土壤温度低、湿度大，微生物活动弱，植物残体分解缓慢，土壤呼吸释放CO_2速率低，易形成碳积累。湿地排水后，进行各种方式的开发利用，湿地分解加快，对CO_2浓度水平可能有潜在的影响。有学者提出，若将全球的沼泽地全部排干，碳的释放量相当于森林砍伐和化石燃料燃烧排放量的35%～50%。由此可见，芦苇湿地能够大大缓解湿地排放温室气体对环境的破坏。

⑥保障区域生态安全。湿地生态系统是陆地生态系统与水域生态系统相互作用的界面，是陆地生态系统与水域生态系统相互连接的纽带。湿地生态系统的健康状态与相连接的陆地生态系统、水域生态系统的健康状态密切相关，同时又影响着陆地生态系统、水域生态系统的健康。湿地是陆地系统和开敞水面生态系统之间的过渡地带，处在这个过渡位置，湿地对自身水分贮存和运动的正常模式变化尤其敏感，也就是说，湿地对其水文变化敏感。水文条件能直接修改或改变湿地的物化特征，如营养物质有效性、下层土缺氧程度、土壤盐度、沉淀物性质和pH值等。水分输入是湿地的一个主要营养源，水分输出也常从湿地中带走生物和非生物物质，物化环境的改变反过来直接影响湿地中生

物的响应，当湿地水文条件改变时，即使是细微变化，也会引起生物区系在物种丰富度和生态系统生产力方面很大的变化。湿地面积大小与当地生态安全关系极为密切，当一个流域或区域湿地面积超过一定阈限时，或者湿地景观格局发生明显变化时，会给该流域或区域物质循环、能量流动带来明显影响，进而影响区域或流域的生态安全。另外，湿地生态系统还有许多其他重要功能，如防风护岸、储存古环境信息、生态美化、教科研价值等，这都需要对不同地区、不同类型湿地给予定量解释。

1.1.2.4 湿地生态系统的核心服务功能、理论服务价值与现实服务价值

对一个湿地区域来讲，湿地生态系统为人类提供的不同服务功能，对该湿地区域的人类生存及生活质量的贡献是有等级的。如干旱区域湖泊生态系统的水分供给功能可能比其他服务功能相对更重要，而湿地自然保护区生态系统的生物多样性保育功能可能比其他服务功能更为重要。也就是说，不同湿地区域生态系统服务功能是有等级的，我们将研究湿地区域内能显著促进人类生存及生活质量、对区域可持续发展更为重要的服务功能称为“核心”服务功能。在对湿地生态系统服务功能的价值评估中，“核心”服务功能的价值评估应作为重点。以一个湿地区域理论上可以达到的生态系统的完整结构和功能为标准，其所能提供的生态系统服务价值称之为“理论”服务价值；对应地，现实情况下该湿地生态系统所提供的服务价值称为“现实”服务价值。比较湿地生态系统服务的理论价值与现实价值，可在一定程度上诊断该湿地生态系统的退化程度。同时，理论服务价值可作为湿地区域生态恢复和重建的目标。

1.2 湿地生态系统服务功能研究现状

1.2.1 研究方法及应用

1.2.1.1 能值分析法及其应用

能值分析法是20世纪80年代著名生态学家H. T. Odum为首创立的。用生态系统的产品或服务在形成过程中直接或间接消耗的太阳能焦耳总量表示其价值，资源、商品、劳务等都可以用能值衡量其真实价值。能值方法使不同类别的能量可以转换为同一标准，从而可以进行定量比较。把生态系统与人类社会经济系统统一起来，有助于调整生态环境与经济发展的关系，为人类认识世界提供一个重要的度量标准。其局限性在于产品的能值转换率计算，须对生产该产品的系统作能值分析，用系统消耗的太阳能值总量除以产品的能量而求得，这种分析非常复杂，要做到数据准确难度很大；另外，能值反映的是物质

生产过程中所消耗的太阳能，不能反映人类对生态系统所提供服务的需求性和生态系统的稀缺性。在我国，能值分析法在湿地中的应用开始于 2000 年前后，由于能量转换率计算过程的复杂性，再加上湿地生态系统本身的复杂性，其在湿地服务价值评估中的应用远不如价值量评价方法广泛。应用能值分析方法，万树文、钦佩、朱洪光等对盐城自然保护区两种人工湿地模式（以经济效益为目的的鱼塘和以招鸟为目的的水禽湖）进行了比较研究；对江苏海涂两种水生利用模式（水禽湖和养鱼改土区）的能流和物流进行了研究分析。之后几年，有学者对海涂人工湿地单一养殖、种养复合、种养结合的能值进行研究，结果表明种养复合模式更有利于滨海盐土肥力的提高；也有学者定量分析了广州市南沙地区十九涌红树林沼泽湿地的生态效益以及系统内的物流和能流，发现 2002 年红树林的能值-货币价值为 1.88×10^4 美元，其他学者对中国红树林生态系统服务的能值-货币价值作了评估，得出中国红树林生态系统服务的能值-货币价值每年 12.6×10^8 美元。直至 2008 年，在价值量评价经过了 1996—2007 年十余年的广泛应用，进入完善其理论和方法的阶段之后，能值分析方法在湿地生态系统服务中的应用开始增多。

1.2.1.2 价值量评价方法及其应用

相比之下，价值量评价方法的应用更为广泛。根据生态经济学、环境经济学和资源经济学的研究成果，目前价值量评价较为常用的主要评估方法可以分为三类：直接市场法、替代市场法、模拟市场价值法。即将湿地生态系统的各种可以进入市场的服务通过市场价格进行计算，不能进入市场的服务运用替代市场价格或者模拟市场价格来进行评估。由于价值量评价结果都是货币值，因此，既能将不同生态系统的同一项生态系统服务进行比较，也能将某一生态系统的各单项服务综合起来。但是，由于价值量反映了人类对生态系统服务的支付意愿，其评价结果存在主观性与随机性。2000 年，国内有学者比较系统地阐述了湿地生态系统价值评估的理论与方法。此后，特别是最近几年湿地生态系统服务价值评估方面的研究迅速增多，涉及面也相当广泛，既有理论方面的探索，也有方法和技术的介绍，但更多还是针对某一典型湿地进行的案例研究。王伟和陆健健提出了理论服务价值与现实服务价值的概念，并以温州三垟湿地为研究对象，选择其主要服务价值，分别进行了理论服务价值与现实服务价值的估算。但是，不同的研究者对同一湿地的评估结果往往差异很大。对同一块湿地，不同评估者有自己的认识和偏好，采用的数据和方法多种多样，因而评出的结果可能差异很大。如对鄱阳湖湿地服务价值评估，有人得出的总价值是 362.7×10^8 元，而另有人得出的结果达到 $1\ 381.01\times10^8$ 元，二者相差将近四倍。

1.2.1.3 物质量评价法及其应用

物质量评价指从物质量的角度对生态系统提供的各项服务进行定量评价。从物质量角度对生态系统服务进行评价时，如果该生态系统提供服务的物质，其总量不随时间推移而减少，那么通常认为该生态系统处于较理想状态。物质量采用的手段主要有实验研究、遥感、GIS 等。实验研究是对生态系统服务功能机制研究各种参数的主要获取手段，RS 是主要的数据来源，GIS 为物质量评价提供良好的技术平台。物质量评价是进行价值量评价及能值分析的基础，上述研究都应用了物质量评价方法。以物质量评价能够比较客观地评价不同生态系统所提供同一项服务能力的大小，不会随生态系统所提供服务的稀缺性的增加而改变。但是，运用物质量评价方法得出的各单项生态系统服务的量纲不同，因而无法进行加总，不能够评价某一生态系统的综合服务水平。

1.2.2 研究存在的主要问题

1.2.2.1 研究理论和研究方法不够完善

湿地生态系统的复杂性和人类认识的局限性，导致湿地生态系统服务研究缺乏理论指导。尽管用来评估湿地生态系统服务市场和非市场价值的方法和技术很多，但是对湿地生态系统服务价值进行评估时往往存在着许多不确定性，无论是价值量评价还是能值分析法都不能兼顾生态系统自身状况和人类需求状况，这是湿地生态系统服务研究的现实有效性和评价结果科学性受到质疑的重要原因。目前，生态系统服务研究还没有完整的研究理论，世界各地学者在研究内容和方法上也没有达成共识，但是国内一些学者已经意识到生态系统服务研究理论和方法上的一些缺陷，开始由案例研究转向理论和方法的探索。湿地生态系统服务研究也是如此，仍然局限于各区域的典型性研究，理论和方法方面的探索研究不多。

1.2.2.2 研究内容不明晰

目前多数研究是针对不同湿地生态系统和不同区域进行湿地生态系统服务的价值核算，将湿地生态系统服务的研究等同于湿地生态系统服务价值的核算，使一些学者对湿地生态系统服务研究产生怀疑。虽然湿地生态系统服务价值是湿地生态系统服务研究的一个内容，但服务价值评估涉及湿地生态系统与人类社会、经济生活的各方面，其研究是建立在对生态系统整体认识基础之上的，生态系统服务研究的各个方面都是进行生态系统服务价值评估不可或缺的部分，生态系统服务价值评估方法的完善和结果的精确需要生态系统整体研究的支撑；另一方面，实现社会经济可持续发展对精确的、可行的生态系统服务价值结果的迫切需求，促进了人们对生态系统的整体认知和生态系统服务研究的不断发展和完善。

1.2.2.3 科学问题阐述不明确

与传统经济学意义上的服务（一种购买和消费同时进行的商品活动）不同，湿地生态系统服务只有小部分能够进入市场被买卖，大多数湿地生态系统服务是公共品或准公共品，无法进入市场。湿地生态系统在许多方面为公众提供了至关重要的生命支持系统服务，如涵养水源、净化水质、提供游憩场所、调蓄洪水、净化大气和保护野生生物等，都属于公共商品，没有进入市场，因而生命支持系统服务不属于市场行为，对生态系统服务进行定价，计算所得的结果难以市场化；而湿地生态系统的复杂性和不确定性使得湿地生态系统的种类和特征仍然没有被完全认识，对其进行分析时，应选择哪些特征来进行评价仍然有争议，而这对于价值化评估是至关重要的；同时，湿地生态系统是处于动态变化过程中的，随着自然和社会的变化而不断变化，而目前的研究多限于静态研究。

1.2.3 研究的未来走向

1.2.3.1 新方法和新技术的应用

未来的研究，应该在物质量评价基础上，结合能值分析和价值量分析两种方法的优势对湿地生态系统服务进行评价。物质量评价是能值分析和价值量评价的基础，能值分析和价值量评价方法都要首先计算研究区的物质量。能值分析从客观存在的角度探讨系统整体的能量流和价值流，价值量评价从人类需求出发反映生态系统对人类生存生活的重要性。将二者的优势融合起来，能够更加客观、更加科学地描述湿地生态系统服务和人类之间的关系。

应立足于对湿地研究的丰富详实的基础资料，从湿地生态系统结构与功能出发研究其服务。一方面，利用现代技术手段，如 RS、GIS 等环境监测技术对湿地生态系统的关键性因子，如水量、水质、土壤、植被、生物等开展长期监测；另一方面，各个学科和各个研究机构应建立信息资源共享平台，并及时更新，以节约社会成本，更加快速和高效地对湿地生态系统服务开展合作研究。

1.2.3.2 不断完善研究领域的内容

面对日益退化的生态系统，人类对其服务功能的各种需求反而持续上升，这使得人类实现可持续发展的前景受到严重影响。人类福利不仅受生态系统服务功能供需差距的影响，而且还受个体、社区，以及国家层次脆弱性上升的影响。高生产力的生态系统及其服务功能，可为人类和社区提供应对自然灾难和社会剧变的重要资源和对策，进而成为人类安全的保障。管理水平高的生态系统能够降低风险与脆弱性，而管理欠佳的生态系统却往往可能增加洪涝、干旱、农作物歉收，以及疾病等灾难的发生，从而进一步加剧风险与脆弱性。

因此，湿地生态系统服务研究在内容上应注重分析湿地生态系统给人类带来的福利，人类活动对湿地生态系统的破坏，所造成的湿地生态系统退化对人类福利产生的深远影响；探讨如何更有效地利用经济制度和政策来调节人类活动对自然生态系统的影响，更好地对湿地生态系统进行管理，以提高人类福利。进一步完善湿地生态系统服务研究的理论，以便为湿地的科学管理与保护、生态补偿机制的制定与实施、社会经济的可持续发展等提供有力支持。

1.3 湿地生态系统服务功能的恢复与保护

1.3.1 湿地生态系统退化及外在表现

湿地退化，使得其生态系统的结构性、整体性和自然性受到破坏，进而导致抗干扰能力下降，不稳定性和脆弱性增大，生产力和生物多样性降低。从动态角度而言，湿地退化是生态系统的一种逆向演替过程，是系统在物质、能量的匹配上存在着某一环节的不协调，或者由于某种不利的量变过程已达到使系统发生蜕变的临界点。在此情形下，原有的生态系统会逐渐演变为另一种与之相适应的低水平状态下的系统，即退化湿地生态系统。从外部表征上来看，湿地生态系统退化主要表现为：湿地面积锐减，生物多样性降低，湿地水质污染加剧，湿地生态系统的物质能量平衡失调等。

湿地面积减少是湿地生态系统退化最直观的表现，也是湿地退化的重要标准之一。研究证实：在过去的 150 年里，由于自然环境变化和大范围人类活动的影响，全球超过 50％的湿地已经被改变，发生了退化或丧失。在英国，有 23％的河口湿地和 40％的草甸湿地遭受破坏；在非洲南部，Tugela 盆地 90％的湿地及 Mfolozi 流域 58％的天然湿地已经消失；东南亚地区大面积的湿地已经被开垦改造为农用地和居民用地。据不完全统计，我国沿海地区累计已丧失滨海滩涂湿地面积约 1 190 000 hm^2，另因城乡工矿占用湿地约 1 000 000 hm^2，这两项相当于我国沿海湿地总面积的 50％。我国最大的淡水沼泽湿地集中分布区——三江平原，最近 50 年里，78％的天然沼泽湿地正在逐步丧失。从 1950 年开始的高密度农业耕作已经使天然湿地面积从 1949 年的5 300 000 hm^2 下降到 1994 年的 1 500 000 hm^2。全球湿地的丧失和退化削弱了湿地为人类提供产品和服务，以及支撑生物多样性的能力。在我国，由于栖息地的破坏以及人类不合理的开发利用、过度捕猎，湿地的鱼类资源和鸟类资源大量减少。以洞庭湖为例，1949 年整个湖区鱼类的捕捞产量为30 000 t /a，现在约为 11 000 t /a，下降了 63.3%；鱼类群体结构也发生了变化，中低龄鱼增加，高龄鱼减少，主要经济鱼类低龄化、小型化现象严重，中华鲟等珍贵鱼类几乎绝迹；20 世纪 50 年代常见的天鹅、白枕鹤等珍贵鸟类如今已非常罕见。由于大面积开发湿地，工农业生产排放的污染物使得湿地污染严重，营养物富集是湿地受污染的主要表现形式之一。许多湿地由于受到城市污水以及农业含氮、含磷废水的污染，水体富营养化严重。我国湖泊水质污染比较严重，目前有60%的湖泊受到不同程度的污染，其中 30%污染非常严重，仅鄱阳湖每年就有 1.04×10^{9} t 工业废水排入湖区。工农业生产所产生的各种污染物排放到湿地，给湿地生态系统造成严重污染，致使湿地生态系统水质净化功能降低，水质下降。

1.3.2 湿地生态系统退化的原因

湿地生态系统退化是生态环境脆弱性的具体表现，而脆弱性是生态环境的自然属性。湿地作为一个完善的自然生态能力系统，对外界的干扰具有一定的免疫能力，这种自身的免疫能力包括湿地的集水能力、系统内植被生态保护能力和湿地水体的自净能力等。当其免疫能力不足以抵御外界影响时，生态系统受到破坏，湿地发生退化，如不及时进行补救则会彻底消失。对湿地系统造成伤害的外界因素总体上可以分为自然因素和人为因素两大类。

湿地的重要特征是季节性或常年处于积水状态，水是湿地形成的最根本原因，也是其生态过程的主要控制因子。水资源的缺乏及水文过程的改变是湿地退化的主要原因。湿地水流特征的变化对维持湿地正常的健康状态具有十分重要的意义，水量的流入流出、水位的涨落、淹水时间的长短等直接影响着湿地生态系统的景观、生产力、功能水平和发展过程。由于人类活动的影响，大气中温室气体含量增加，气候变暖越来越明显。区域气候趋干变暖是导致湿地发生退化的重要因素。近 20 年来，若尔盖高原湿地发生了显著退化。气象统计资料表明，该区平均气温以每年提高 0.017 3 ℃的速度增长；同时，蒸发量呈增大趋势，降水量呈减少趋势，气候变暖引起沼泽退化，趋向自然疏干。而在三江平原，由于气候变暖，降水减少，天然湿地发生退化，面积急剧减少，严重影响了三江地区的自然生态环境，其中有部分湿地由于气候变化转化为荒地和盐碱风沙地。

除自然环境导致湿地退化外，人类不合理的开发利用也是造成湿地大面积退化的主要因素。湿地资源的存在是湿地生态系统服务功能得以有效发挥的重要基础，由于未能合理处理湿地开发与保护之间的关系，出现了许多不合理的湿地资源破坏现象，如生物资源的过度利用、污染以及不合理的开垦等都造成了湿地的退化，影响了社会经济的可持续健康发展。农业生产排水疏干是导致湿地生态系统发生退化的最主要因素。沼泽湿地经排水处理后，经过三年时间土壤理化性质会发生相应改变，地表植物演替加速，由沼泽向草甸演变，进而形成退化。根据 OECD（经济合作与发展组织）1996 年的报告，在欧洲和北美，集约化农业使得 56%～65%的湿地被排干，对于处于热带和亚热带的非洲、南美洲和亚洲而言，被排干用于农业生产的湿地比例分别达到 2%、6%和 27%。全球有 26%的湿地被用于农业生产。自然环境因素和人为因素的长期相互作用，使得湿地生态系统面临着严峻的退化形势。

1.3.3 湿地生态系统的恢复

1.3.3.1 恢复原则

从系统生态学的角度讲，湿地生态恢复主要是将拟恢复的湿地生态系统按其原有的基础和特性设计成人工维持需要量最少的系统，即系统中的植物、动物、微生物、基质、水流都应有助于系统的自我维持、自我设计，被设计的系统能利用各种自然能源或自然辅助能源；对系统的设计也需考虑当地景观和气候因素，使系统能够承受种种自然干扰，并实现其适应的功能。在形态上要将系统设计成生物群落交错区；湿地的重建与修复是需要时间的，植物建群、养分保持、野生动物保育可能需要若干年时间，而形成成熟的土壤系统需要几十年时间。对湿地生态系统的设计主要是针对其功能，而不是结构。最初引种建群的失败不等于整个工程的失败，关键看所设计目标是不是正在完成。当然，如果引种导致外来种入侵进而导致整个生态系统破坏，是应该尽量避免的。

1.3.3.2 恢复目标

如同其他生态系统，湿地具备相对稳定而协调的内部结构和功能。生态系统的结构是组成该系统生物及非生物组分的种类、数量及密度、时空维度上的变化，以及不同组分间相互联系、相互作用的内容和方式等。生态系统的功能指系统的能量流动、物质循环及信息流动。结构是完成功能的框架和渠道，功能是维持结构存在和发展的基础。总结近年来在湿地生态修复研究方面的工作，湿地生态恢复的根本目标应该是维持湿地生态系统结构的完整和过程的协调，以及保持生态系统的健康，从而实现人类与自然和谐相处，为人类生存与发展营造良好的环境。

1.3.3.3 恢复措施

(1) 关键技术

根据对湿地生态系统干预的程度，湿地生态系统服务功能的关键恢复技术有以下几种：

①湿地恢复：通过退田还湖、退圩还湖、退渔还湖等手段，退出人类活动的干扰，使湿地生态系统回到一个与受破坏前十分相似的状况。包括重构先前的物理环境，运用化学方法调节土壤和水分，实行生物管理（包括引进已消失的动、植物类群）。例如地处长江中游的洞庭湖区域，新中国成立初期有湖面面积4 350 km^2，到1998年发大洪水时，面积仅剩 2 625 km^2。根据“退田还湖”的规划，恢复历年来被围垦的湖泊湿地，力争到2020年左右使洞庭湖面积恢复到新中国成立初期的水平，恢复洞庭湖作为长江中游重要的调蓄水量和净化水体的湖泊，保持生物多样性的湿地生态功能。

②湿地创造：一种方式是在湿地的周围扩大原有范围，扩展出新的湿地；另一种方式是在原来非湿地区域构建一块湿地。前一种形式，如我国海滩湿地的淤长，我国钱塘江以北的海滩多为沙质和淤泥质型海滩，江苏省沿海海岸线长达 1 000 km，滩涂总面积达 650 000 km^2，通过长江三角洲和黄河三角洲的淤长，每年可增加滩涂湿地面积 1 300 km^2 左右，成为新生的湿地资源。后一种方式，如人工湖，我国很多大城市的湖泊是人工湖，如南京玄武湖、北京昆明湖、济南大明湖等。通过人工挖掘，创造一块湖泊湿地，并通过引进物种，逐渐构建起湿地生态系统，提供生态服务，如休闲旅游、教育等。

③湿地改良：通过调节某个存在的湿地的具体结构特征来提升其功能。如洞庭湖的西畔山洲垸，通过退田还湖，恢复了与洞庭湖湖面水域的直接相通，以前的人工湿地稻田恢复成为湖泊湿地，通过一系列措施，使水鸟数量显著增加，水生生态系统结构得以重建。再如江苏省沿海滩涂湿地的开发，通过对未垦荒地的垦殖改良，大大提高了其物质生产能力，粮食作物年产量达 9 000 kg/hm^2以上，棉花年产量达到 450 kg/hm^2；通过对中低产田的改良提高、增加投入、结构调整和科学管理等，粮、棉产量比目前至少可分别提高 2 250 kg/hm^2和 750 kg/hm^2，水产品可提高 1 倍以上；对粮、棉、林、果、草、畜产品和水产品的深度加工及水产养殖的配套改造等开发潜力也很大。

④湿地转换：把一个已存在湿地的大部分或全部转换成一个不同类型的湿地，如把一块稻田转换成一个池塘。稻田是中国最重要的人工湿地之一，尤其在长江以南的广大湿润地区。由于国家宏观经济和农业政策的变化，稻田种植结构发生了很大变化，如改变种植品种，或变为养殖结构，如改造成鱼塘，稻田湿地生态系统转换为水生养殖生态系统；种植水生蔬菜（如藕、茭白、菱角、荸荠等），稻田湿地生态系统转换为水生种植生态系统。通过这种转换，湿地生态功能发生了很大变化，由此导致农田生态系统结构也发生了变化。

⑤湿地弥补：通过保护、创造、改良来补偿可允许的湿地损失。我国在很

多河流、沼泽和湖泊湿地设置了自然保护区，以保护其特殊的生态功能。

（2）政策措施

①加强湿地恢复与保护法制体系建设，规范湿地保护工作。国际《湿地公约》在湿地恢复中对各国起到很重要的指导作用，许多加入公约的国家也有相应的湿地保护法律和条例，如美国的《清洁水法案》对美国的湿地恢复与保护起到了重要作用，我国《中华人民共和国湿地保护条例》的起草工作基本完成，对湿地的恢复和保护有了更好的管理。《条例（草案）》将“恢复保障湿地生态功能”作为立法目的之一，草案中规定“国家退化湿地所在省、自治区、直辖市政府编制、实施拯救计划职责”，要进行“对影响重要湿地生态功能的建设用地的事后监管”，建设单位和个人开展“湿地恢复和建设”或“依法缴纳生态补偿费的义务”，以调动单位和个人依法保护、恢复、重建和合理利用湿地的积极性。根据国家有关法律、法规、法则，结合本地区实际情况，目前各省、市（区）根据当地湿地的特点，制定并颁布了一些与湿地保护有关的地方性法规、实施办法以及实施细则，如《黑龙江省湿地保护条例》、《甘肃省湿地保护条例》，充分发挥现有法律法规在湿地保护中的作用。

②加强湿地分类研究。我国湿地分布范围广、类型多，世界各类湿地在我国都有分布，且分布于不同的纬度和海拔区域。就湿地类型划分上，还存在不同的依据和标准，只有正确地进行湿地分类才能科学地恢复和保护湿地。处于不同类型的湿地其恢复理论基础、技术措施和手段都不相同，进行分类研究是保证湿地恢复与重建取得成功的基础，只有明白了湿地所处的类型、特点及生物组成、生态结构与功能规律，才能更好地选择相应的恢复与保护措施，有效提高湿地恢复与重建的质量。

③加强湿地恢复与重建的理论研究。国际环境问题科学委员会（SCOPE）将湿地的生态恢复与生态工程作为近年来的核心研究内容。湿地恢复与重建建立在诸多理论基础之上，以生态学原理为基础，其他各项理论相补充，并结合一些生物工程和生态工程措施。生态学原理要求生物与环境的统一，正确看待湿地对污染物的降解作用，科学处理湿地中物种多样性与生物多样性保护的关系；生物多样性原理要求不仅保护物种多样性，更重要的是恢复与保护遗传多样性与景观多样性。生物多样性原理、生态系统物质循环与能量流动原理、生物群落演替原理，还有一些物理、化学、生物学理论等，对湿地恢复与重建起到重要作用，如各种污染物在湿地中的生物化学循环，重金属或其他有害成分在生物体内的降解等。在研究水资源、环境修复、污染物迁移、生物降解和水文生态学等方面，可以结合现代科技，运用一些先进仪器和手段，如“3S”技术、同位素技术和一些自动监测与观测系统，加强湿地恢复与重建过程的科技

手段，促进湿地的有效恢复与重建。湿地恢复一定要以大量的理论为基础，提高湿地恢复过程中的科技含量和科技支撑力度，减少湿地恢复的盲目性，增加其科学性。20世纪80年代以前，我国湿地研究大多是在自然保育方面。80年代后，我国湿地研究迅速发展起来，并借鉴国外的各项湿地恢复与重建等理论和技术，加强了对我国湿地的研究。

④加强科技攻关与示范。湿地恢复与保护在当前还存在许多未知的因素，缺乏具体而行之有效的技术手段，所以要加强湿地恢复、重建与保护的关键技术攻关，并进行示范点建设，为我国湿地恢复提供长期有效的科技支撑。在《中国湿地保护行动计划》中制定的行动目标中，提出了"实施封山植树、退耕还林、平垸行洪、退田还湖、以工代赈、移民建镇、加固干堤、疏浚河湖的湿地综合治理措施，建立退化湿地的恢复与合理利用的示范"。到2020年"力争使退化湿地得到不同程度恢复治理，一批重要的湿地资源得到恢复"，并提出了"退化湿地生态系统恢复与重建技术研究、示范"、"长江中下游湿地的恢复和重建"等以湿地恢复为主的保护行动。加强人工湿地的恢复与重建，提高人工湿地在重建与恢复过程中的科技水平与示范作用。

⑤开展国内外合作与交流。积极参与国内外合作，认真履行《湿地公约》等有关国际公约和国际协定，积极探索新的、有效的合作途径和方式，与有关国家政府、国际组织及友好人士就湿地保护与合理利用的科学技术或建设项目开展多种形式的合作与交流，努力借鉴有关国家和地区及国际组织在湿地保护上的有益经验，引进国外湿地恢复与保护的成功经验。如美国Hackensack湿地保护区、佛罗里达州的沼泽地、湄公河三角洲、欧洲瓦登海等许多著名湿地都已开展了生态恢复工程，借鉴各项湿地恢复与重建技术及经验，推动我国湿地保护事业的发展。例如在我国长江沿岸的脆弱湿地生态区，利用国家林业局"948"引进项目，拟从美国农业部林务局引进"淡水森林湿地植被恢复和管理技术"，通过合作研究方式引进多物种配置和林木繁殖与保育技术，不仅能恢复退化淡水森林湿地的生态系统结构，还能有效提高恢复湿地的生物多样性，进一步促进森林湿地结构形成和生态功能恢复与完善。

1.3.3.4 几种主要类型的湿地生态服务功能恢复

不同的湿地类型，其生态恢复的措施亦有所不同。综合国内湿地研究现状，主要有以下几种湿地类型及相应恢复措施。

（1）海岸带湿地生态修复

主要是海岸带盐沼湿地和红树林湿地的生态修复与重建。对盐沼湿地而言，由于农业开发和城镇扩建使湿地大面积受损，要发挥湿地在流域系统中原有的调蓄洪水、滞纳沉积物和净化水质等功能，必须重新调整和配置湿地的形态、规模和位置，因为并非所有湿地都具有同样价值。对红树林湿地而言，红树林沼泽发育在南方河口湾和滨海区边缘，在高潮和风暴期是滨海的保护者，在稳定滨海线以及防止海水入侵方面起着重要作用。它为发展渔业提供了丰富的营养来源，也是许多物种的栖息地。根据我国红树林湿地的现状，今后红树林湿地恢复研究的重点应做到如下方面：长期开展“退塘还林”工程，监测红树林湿地生态系统生物多样性的恢复，深入探讨红树林的化感作用，营造红树林混交林，全面实现红树林的生态恢复。

（2）河滨湿地生态修复

就河滨湿地来讲，面对不断的陆地化过程及污染，修复的目标应主要集中在对洪水危害的减少及对水质的净化上，通过疏浚河道，河漫滩湿地再自然化，增加水流的持续性，防止侵蚀或沉积物进入等来控制陆地化，通过切断污染源以及加强非点源污染净化使河流湿地水质得以修复。

（3）湖泊湿地生态修复

湖泊是相对的静水水体，尽管其面积不难修复到先前水平，但其水质修复要困难得多，其自净作用要比河流弱得多，仅仅切断污染源是远远不够的，因为水体尤其是底泥中的毒物很难自行消除，不但要进行点源、非点源污染控制，还需要进行污水深度处理及生态调控。

（4）森林湿地生态修复

森林湿地的生态修复和重建与草泽湿地不同是因为森林的重建要几十年而不是几年。大多数森林湿地的生态修复是在水文和土壤保持原样的地区进行的，主要是营建合适的植被。

1.3.3.5 洞庭湖生态系统服务功能保护的必要性和现实意义

洞庭湖曾是我国第一大淡水湖，由于经历长期的泥沙淤积，湖盆迅速淤浅，洲滩广布。在入湖泥沙淤积和围垦等自然和人类活动的双重作用下，湖泊萎缩加剧，湖泊调蓄功能严重衰退，洪涝灾害发生频繁，环境日益恶化，生态功能明显退化。目前，洞庭湖已退居鄱阳湖之后成为我国第二大淡水湖，但其独特的生态环境特征、丰富的生物物种多样性、类型齐全的湿地系统结构，加之突出的生态环境问题，具有鲜明特色，在世界范围内罕见，具有极高的保护价值，加强其生态功能保护，已刻不容缓。全面保护洞庭湖生态服务功能，是巩固洞庭湖地区“退田还湖，平垸行洪”的洪水或湖泊治理成果，维护其作为长江洪水调蓄库的主要地位，以及保护其物种基因库作用的需要。同时，也是履行国际公约、承担国际义务的要求。通过进一步深入认识洞庭湖的生态环境现状、生态环境退化的原因和趋势，科学合理地进行洞庭湖生态功能的保护，实现湖泊湿地利用由资源型向功能型方向转变、湖泊生态保护由实体型向理性的概念型方向转变，从而在流域圈思想指导下，实现湖泊生态功能有效保护、湖区自然资源持续利用和区域社会经济可持续发展的目标，是当前洞庭湖环境保护、治理和生态修复的重要任务。具体来说将产生以下几个方面的重要意义：

（1）是保护洞庭湖调蓄滞洪功能的需要

长江上游，山高谷深，束水下泄，积聚洪水能量；出三峡后，沿江两岸发育了众多湖泊，是江洪能量释放和泛滥的场所，维系着长江的生态尤其水量的蓄泄平衡。但因湖泊湿地和江洲河滩的大规模垦殖，极大削弱了其调蓄长江洪水的生态服务功能。目前，荆江段已呈现“悬河”的险恶形势，长江中游洪水来水量和安全泄洪量之间严重不平衡，客观上要求有调蓄中游长江超额洪水之地。洞庭湖是目前长江中游荆江段唯一与长江干流直接相通的湖泊，承担着分蓄长江大量超额洪水的任务，同时又吞吐湖南省境内湘、资、沅、澧四水。保护洞庭湖生态功能，是保护洞庭湖调蓄长江洪水功能的迫切要求，对于维系长江中游地区江湖洪水的蓄泄平衡、减缓长江干流的冲淤变迁，有着不可替代的作用。

（2）是巩固洞庭湖治理和退田还湖成果的迫切需求

新中国成立以来，国家为治理洞庭湖水患，投入了大量资金，湖区人民为抗灾减灾作出了巨大牺牲。1998 年，中国政府针对长江“小水大灾”，蓄滞洪区在洪水来临时欲分不能的艰难局面，及时提出了“退田还湖、平垸行洪、移民建镇”的整治原则。经过几年的实施，洞庭湖区已退田还湖 554 km^2。加强监管洞庭湖生态功能保护力度，是巩固洞庭湖历年洪水整治成果，特别是“退田还湖”成果的现实要求和紧迫任务。

（3）是保护洞庭湖生物多样性和履行国际公约的需要

洞庭湖独特的水情动态和特殊的环境条件，繁衍了极其丰富的生物多样性，蕴藏着珍贵的物种基因。同时，洞庭湖作为我国重要的淡水湖泊湿地，具有相对完整的湿地景观系统和生态系统结构，具有世界意义，并已被列入重要的《国际湿地名录》，但因长期过度的利用、污染，特别是湖泊严重泥沙淤积及其诱发的围湖垦殖活动，导致湖泊严重萎缩、湿地面积急剧减少，使得鱼类等水生生物的产卵场、洄游繁育地，以及珍稀鸟类栖息地、越冬地的生境遭受破坏，湖泊生物多样性已受到严重威胁。如鲥鱼等名贵鱼类，白鲟、白鳍豚等珍稀动物，作为国家一级保护动物的中华鲟等已罕见或近乎绝迹，洄游性、半洄游性鱼类已呈明显减少趋势，鱼类个体小型化、低龄化，珍稀候鸟的越冬种群数量已显著下降。因此，加强洞庭湖生态功能保护，是保护湖泊湿地生态系统结构、水生生物和珍稀鸟类生境，保护洞庭湖物种基因库和履行国际公约的需要。

(4) 是实现资源持续利用和实施经济可持续发展的战略要求

洞庭湖区素有“鱼米之乡”的美誉，粮、棉、油、水产品的产量，在全国占有重要地位。但由于农、牧、渔业等资源过度开发利用以及污染等诸多原因，有的已具明显衰退趋势，有的已近枯竭。如渔业资源的天然捕捞量，从20世纪70年代以来呈现不断下降趋势，且鱼类呈现出个体小型化和低龄化，其中，银鱼由1928年的90 t下降至1993年的不足2 t。实施洞庭湖生态功能保护，有利于资源的持续利用和区域经济社会的可持续发展，是利在当代、功在千秋、惠及子孙的伟大事业！

02

洞庭湖湿地
生态系统服务功能的价值与评估

2.1 洞庭湖湿地生态系统服务功能的内容与价值

2.1.1 服务功能的内容

湿地生态系统服务（ecosystem services），是指湿地生态系统与生态过程所形成及所维持的、人类赖以生存的自然环境条件与效用，它不仅给人类提供生存必需的食物、医药及工农业生产原料，而且维持了人类赖以生存和发展的生命支持系统。湿地生态系统服务功能一般划分为物质生产供给功能、调节功能、文化休闲功能、物种保育功能等几大类。洞庭湖湿地生态系统的服务功能同样也可以划分为这四大类。

2.1.1.1 **物质生产供给功能**

物质生产是指生态系统生产的可以进入市场交换的物质产品，包括全部的植物产品和动物产品。洞庭湖区自古以来就是我国重要的稻米产区和淡水鱼类生产基地，稻米和鱼类是其主要的物质产品。同时，芦苇、杨树是优良的造纸原料，还有大面积草滩，为牧业提供了饲草。这些产品可以直接进入市场并创造价值。湿地生态系统提供的物质主要包括人类生活所需要的食物，如粮食、油料、水果、蔬菜、畜产品、水产品、食盐、饮料等；提供的原材料包括木材、燃料、饲料及农副产品等。坑塘分布于湖区周边的村庄里，对地下水起到调节和补给作用，能够较好地解决因干旱造成的人畜饮水困难。农田沟渠可以提供鱼、虾、蟹等水产品，沟渠中生长的芦苇等水生植物收割后可以作为燃料或染料。水资源供给是洞庭湖生态系统最基本的服务功能。此外，洞庭湖湿地生态系统通过初级生产和次级生产，生产出丰富的植物产品、动物产品以及其他产品，为人类生产、生活提供了原材料和食品，为动物提供了饲料。

2.1.1.2 调节功能

洞庭湖湿地生态系统的调节功能包括气候调节功能、水文调节功能两大类。

气候调节功能中绿色植物通过光合作用，不断吸收二氧化碳并放出氧气，而异养生物则不断消耗氧气并产生二氧化碳，两者之间相互平衡，使得地球大气成分维持稳定。同时，洞庭湖湿地生态系统对区域性气候也具有直接的调节功能。

洞庭湖湿地生态系统的水文调节功能包括涵养水源与水分供应。坑塘能有效地拦蓄地表径流，其能力远远高于建设的平原水库；同时，由于坑塘分布比较均匀，对地下水能起到侧渗补给和调节作用，增加地下水可开采量，有效防止因地下水超采而造成的水位大幅度下降。排水沟渠作为农田水利基础设施的最主要功能就是及时将田间过多的水分排出农田，起到排涝降渍的作用。

洞庭湖区周边农耕土地作为生产力最高的土地类型，其重要功能之一的水文调节功能还表现在防洪方面，包括调蓄洪水、削减洪峰、滞留和减少侵蚀等。洞庭湖南纳湘、资、沅、澧四水，北接松滋、太平、藕池三口，吞吐长江，是目前长江出三峡进入中下游平原后唯一与长江总有干流并联的吞吐型大湖，也是长江中游地区与其干流直接相通的两个通江湖泊之一。湖区径流由三口、四水及区间三部分组成，1988—1995 年多年平均入湖径流量 3 018 亿立方米，约占长江多年平均入海径流量的 1/3，年内 5—10 月多年平均入湖径流量 2 252亿立方米，占全年的 74.6%。汛期长、水位变幅大，是长江流域乃至全国湖泊水位变幅最大的湖泊，多年平均年水位变幅（城陵矶站）13.35 m，年最小变幅 10.67 m，绝对变幅达 17.76 m。

此外，洞庭湖还是一个天然的湖泊型水库，洪水期蓄水，枯水期对长江中下游地区水量起着重要的补给作用。

2.1.1.3 文化休闲功能

由于洞庭湖湿地在 20 世纪末以前受人类干扰较轻，能够使人们较好地了解其自然过程和自然系统，因此也吸引了大量的科学研究在湿地区域开展。洞庭湖湿地独特的生境、多样的动植物群落、濒危物种等在科研中具有重要地位，它们为教育和科学研究提供了对象、材料和实验基地。洞庭湖湿地可作为教学实习基地、科普基地、环境保护宣传教育基地等。湖区生态系统的文化多样性功能还包括美学艺术、文化传承等许多方面。洞庭湖湿地周边农田中纵横交错的沟渠在提供生物栖息地的同时，也增加了农田景观多样性，具有田园风光美感享受和旅游休闲功能。

洞庭湖湿地的休闲旅游功能表现在提供生态旅游、钓鱼运动和其他户外娱乐活动的场所，具有自然观光、旅游娱乐等美学方面的功能。如今人们崇尚“返璞归真，回归自然”，使得一些自然区域成了生态旅游的热点。洞庭湖湿地景观资源丰富，除了天然景观外，还有湖区悠久的历史文化景观，使得湖区旅游业开发潜力巨大。如东洞庭湖湿地饮誉海内外的岳阳楼、君山岛等。东洞庭湖湿地自然保护区已经成功举办了数届观鸟节，吸引了大量的海内外游客。

2.1.1.4 物种保育功能

洞庭湖湿地生物多样性丰富，生长着众多的植物、动物和微生物，特别是珍稀水禽，是重要的物种基因库。作为农田边缘的生态交错带，排水沟渠中的植物多样性要比农田高，主要植物类型是湿生植物，如芦苇、菖蒲、蒲草等。以农田沟渠及其堤岸作为生物栖息地和避难场所的动物有鱼、虾、底栖动物、青蛙、蟾蜍、鸟类等。

洞庭湖湿地还是珍稀野生生物的天然繁衍地。自从地球上的大多数地区被人类开发利用之后，洞庭湖湿地成了为数不多的受人类干扰较少的生境之一。鸟类是东洞庭湖湿地中最主要的动物，种类多，数量大；湖区湿地的特殊生境为各种水禽、游禽提供了丰富的食物来源和营巢避敌的良好场所。

洞庭湖湿地的整体生态系统服务功能见下表（表 2-1）：

表 2-1　洞庭湖湿地生态系统服务功能的表现

类型	主要作用	存在特征
调蓄洪水	降低洪峰，滞后洪水过程，减少洪水造成的财产损失	（1）水面高于湿地地表 （2）湿地面积随季节变动 （3）湿地邻近水流变幅较大的河流 （4）湿地具有规则的入流、出流 （5）湿地盆地形状不规则 （6）湿地位于流域下游 （7）木本植物覆盖率达 70% （8）大面积和深厚泥炭层
蓄水补水	补给地下水，提高地下水位，地表水承泄区	（1）湿地出流很小或无出流
		（2）位于流域上部
		（3）位于地质断层下部，地下水层位于不透水层之上
		（4）水位下降至湿地以下
		（5）多孔基地
		（6）年降雨量大于蒸发量
		（7）位于另一湿地上游
		（8）通过地表径流向另一湿地供水
		（9）通过地下水供水

续表

类型	主要作用	存在特征
防止盐水入侵	控制地表盐化，避免海水从地下浸入造成水质恶化	（1）有深厚土层的沿海湿地
		（2）下层基地可渗透
		（3）深水井和高强度利用井为苦咸水
防止自然力侵蚀	防止河岸、湖岸和海岸侵蚀，抵御风暴袭击，保护社区财产	（1）水陆边界地带的植被有显著宽度和长度
		（2）河岸湿地植被宽度大于 3 m
		（3）湿地未完全被植被覆盖
		（4）湿地植被刚硬和根深
		（5）为海岸湿地
		（6）高秆植物位于湿地边缘
调节气候	诱发降雨、提高湿度，增加地下水供应	（1）有丰富的植物群落
		（2）存在水域
		（3）湿地土壤积水或经常处于过湿状态
营养物固定与移出	吸收、固定、转化和降低土壤和水中营养物含量	（1）水流进入湿地后体积减小
		（2）湿地为非海洋湿地
		（3）溢岸径流被湿地截留
		（4）河流规则性泛滥
		（5）湿地植被边缘大于 3 m
		（6）入流大于出流
		（7）湿地平浅、植被繁茂
毒物固定与移出	降低土壤和水中有毒物、污染物含量，提高水质	（1）水流进入湿地后体积减小
		（2）有深厚沉积物存在
		（3）溢岸径流被湿地截留
		（4）河流规则性泛滥
		（5）湿地植被边缘大于 3 m
		（6）入流大于出流
		（7）湿地平浅、植被繁茂
沉积物沉淀与移出	拦蓄径流中悬浮物，提高水质	（1）水流进入湿地后体积减小
		（2）湿地接收溢岸径流
		（3）湿地规则性接收洪水泛滥
		（4）植被带宽度大于 3 m
		（5）湿地入流大于出流
		（6）湿地平浅、植被繁茂

续表

类型	主要作用	存在特征
野生生物栖息地	野生动物栖息、繁衍、迁徙、越冬地，维持生物多样性	（1）是野生动物孵化、抚育、栖息和取食地
		（2）植物种子生产、萌发地
		（3）与其他栖息地有 100 m 宽的廊道相连，或有溪流相连
		（4）高度的生境多样性
		（5）面积较大
		（6）大面积湿地未受干扰
维持现存生态系统和自然过程	维持各种自然系统的过程持续发展和泥炭积累	（1）持续性的生态、地貌和地质过程
		（2）面积较大
		（3）生境、地貌和湿地类型多样性，湿地类型独特、受威胁
		（4）存在迁徙物种
		（5）野生动物生存地
		（6）含有泥炭
供水	提供人类生产、生活用水	（1）现有湿地资源种类
		（2）社区利用湿地资源
		（3）水位波动频繁，预示生产力高
植物产品	提供林产品、芦苇、蔬菜、果品、药材等	（1）pH 值 5.8～8.5，预示生产力高
		（2）泥炭储量大，已开采
		（3）盐池
		（4）下游和远岸捕鱼
动物产品	野生动物、鸟类、鱼虾蟹类等	（1）高生物量生产力
		（2）大面积红树林
		（3）重要的迁徙水鸟繁殖地
能源产品	泥炭、林草燃料生产、水力发电	（1）一定高度的大面积水体
		（2）湿地具狭窄出口
		（3）大面积未保护的泥炭地
		（4）大面积未保护的林地
		（5）感潮明显且出口狭窄的泻湖
水运	水运通道	（1）乘客和货物利用湿地作运输介质
		（2）河道深度和宽度适于舟船通行
		（3）河口和河道有码头

续表

类型	主要作用	存在特征
休闲旅游	休闲、旅游、摄影场所	（1）已有旅游设施和机构
		（2）已有自然保护、野生动物以及景观的旅游项目或计划
		（3）高度的景观多样性和生境多样性
		（4）大面积开阔水体
		（5）野生动物种类繁多
		（6）鸟类种类繁多
		（7）有珊瑚礁
		（8）不寻常的文化和生活方式
		（9）对自然环境的干扰较小
科研教育	提供特种标本、研究对象和同类系统典型模式，环境教育地点	（1）已有科研项目
		（2）无开发或干扰较小
		（3）其他开发项目的影响较小
		（4）湿地提供更好理解人类居住历史的研究机会
		（5）提供更好理解过去和现在自然过程和自然系统的研究机会
		（6）具有稀有物种、群落、生境和景观
		（7）物种、化石、岩石类型首次在此发现
		（8）教学指导描述该地

※上表内容引自李文华，2002；张明祥，1999

2.1.2 服务功能的价值

湿地是自然界最富生物多样性的生态系统和人类最重要的生存环境之一，享有“地球之肾”和“生命摇篮”的美誉。湖泊湿地等自然资源的所有权大都属于国家，如国家不能对各种资源的价值进行准确计量，就会造成定价失实(相对较低)，从而导致资源严重浪费，不能实现资源可持续利用和社会经济可持续发展。因此，国家必须在仔细调查研究的基础上，建立对自然资源使用权收费制度，使公民真正意识到资源是有价值的。运用货币化手段进行价值评价，可以对人类活动的费用和效益进行有效的度量，反映出人们对自然资源所愿意付出的经济代价。因此，货币是衡量生态系统效益最合适的手段和方法。还有经济学家认为，对于一种生态系统，随着人类社会经济的不断发展，为了维持正常的生产和生活，人们需要对自然资源投入劳动以维护其再生产过程，只是在不同条件下，人们投入的劳动不同而已。随着自然资源的不断减少，自然资源不能完全再生，人类必然要在自然资源的再生产过程中投入一定劳动，以帮助其恢复再生产功能，使其恢复到自然稳定的状态。也就是说，从人类一开始使用自然资源，就决定了人们要对其进行劳动改造，以维持其生态系统稳定性。生态系统的使用价值和价值都不以人的主观意志为转移，都是客观存在的。

洞庭湖作为我国第二大淡水湖泊，对整个长江流域生态系统发挥着不可替代的作用。洞庭湖湿地与湖区居民的生产、生活与生态有着密不可分的关系。洞庭湖湿地生态功能的定价是要对各种生态系统服务功能进行定量研究，也就是对自然因素进行定量研究，从而实现货币化。一些经济学家认为，由于生态系统种类繁多，对于任何一种生态系统而言，无论人类当前是不是对其进行了劳动改造，它都应具有价值，无论何时，它都有隐藏在自身当中的价值，为人类提供各种生态服务功能。在任何生态系统管理工作中，如不认真地评价各种生态服务功能，就会导致生态系统破坏。如一原始湖泊，若仅从其鱼虾所产生的直接经济效益去考虑，而忽略其调节气候、蓄水防洪、维护生物多样性等方面的功能，就会导致人们对湖泊的过度开发，造成湖泊生态系统的破坏。因而生态服务功能价值评价应包括直接使用价值、间接使用价值和非使用价值等几个方面的价值。

2.2 洞庭湖湿地生态系统服务功能的评估

洞庭湖湿地生态系统服务功能的价值由经济功能、生态功能和社会功能三个项目组成。洞庭湖湿地生态系统的经济功能包括物质生产 1 个类目，植物产品、动物产品、水分供应等 3 个指标和草本植物造纸原料，木材、蔬菜植物产品，食品原料产品，鱼虾类、软体动物类产品，居民用水，工业用水，农业用水等 7 个效应指标；生态功能包括调节水文、净化水质、维持生物多样性、调节大气组分、营养循环、保护土壤、休闲旅游等 7 个类目，均化洪水、蓄水、污染物沉积输出、移出与固定营养物和有毒物质、维持功能、繁育、庇护、碳固定、营养和贮存、防沙护岸、滞留泥沙、增加土壤、旅游休闲等 13 个指标和调节江湖径流，调节洪枯水位，调节汛期蓄水量、平水期蓄水量、枯水期生态蓄水量等多个指标；社会功能效应包括文化教育与社会就业 2 个类目，历史文化、科学普及和劳动力就业 3 个指标，古遗址、历史人文、纪念性园地、湿地公园湿地知识、生物考察研究、渔民就业、科技研究、自然保护区管理等 8 个指标内容。

2.2.1 经济功能价值评估

2.2.1.1 天然产品价值评估

洞庭湖的天然产品主要表现为参与经济市场交换的纤维植物（南荻和芦苇）、木材、水产品，部分参与经济市场交换的野生蔬菜和食品（水芹、蒌蒿、芦笋、莲、藕、菱等）和未参与市场交换但已为经济生产服务的产品，如牧草（牛鞭草等）和绿肥（黑藻等）。从表 2-2 中可以看出，洞庭湖湿地天然产品量达 197.3×10^4 t/a。其中荻芦、木材和水产品完全体现为已利用产品，其他为部分利用产品，如优良野生蔬菜水芹、蒌蒿等。优良牧草、牛鞭草和雀稗等产品为湿地区域牛、羊提供食料，但利用的也只是为牛、羊取食方便地方的那一部分。作为绿肥利用的黑藻等产品，被利用的也只有很小的一部分，开发利用潜力还很大。

表 2-2　洞庭湖湿地天然产品产量估算

产品名	交换形式	产量（$\times10^4$ t/a）	产品名	交换形式	产量（$\times10^4$ t/a）
荻芦	市场交换	131.1	牧草	无偿利用	17.01
木材	市场交换	12.1	菱、芡实	部分市场	0.04
水芹	部分市场	0.08	黑藻	绿肥	15.04
蒌蒿	部分市场	1.19	水产品	市场交换	14.82
芦苇	部分市场	0.01	—	—	
牛鞭草雀稗	无偿利用	5.03	合计	—	196.42

注：水产品为鲜产品产量，按全省捕捞量的百分比估算。（资料来源：《湖南统计年鉴 2005》与《湖南统计年鉴 2006》）

2.2.1.2 农作物价值评估

洞庭湖为中国第二大淡水湖泊，占全省土地面积 5%的洞庭湖区，粮食、油料和棉花等产量（见表 2-3）分别占全省的 35%、50%和 86%，国民生产总值约占全省的 30%。洞庭湖湿地经济价值巨大，是全国十大农产品商品生产基地之一，在湖南经济和社会发展中起着举足轻重的作用。

表 2-3　洞庭湖湿地生态系统主要农作物产品的产量

种类	产量（$\times10^4$ t）					
	2000 年	2002 年	2003 年	2004 年	2005 年	年均产量
稻谷	720.06	600.84	611.79	789.71	833.69	711.22
玉米	19.15	18.78	20.20	17.29	18.02	18.69
油料	57.18	43.60	48.13	56.28	55.57	52.15
棉花	13.49	13.46	16.30	17.01	15.45	15.14

资料来源：《湖南统计年鉴 2005》与《湖南统计年鉴 2006》

可以看出，洞庭湖区域主要农产品和农副产品的产量达 797.2$\times10^4$ t/a，其中粮食产量占有很大比例。这说明湖区丰富的资源和独特的环境与地理结构为湖区农业发展提供了诸多便利与优势，促进了湖区农业的发展。而发达的农业又为湖区工业发展提供了较为丰富的资源，主要表现在：较高的粮油产量为粮油加工工业的发展提供了充足的原料；用于肉类加工、罐头和饮料制造的原料如猪羊牛肉、水产品、茶叶、柑橘等产量较高；棉花和麻类等纺织工业原料较丰富。

2.2.2 生态功能价值评估

2.2.2.1 供给水源与调节径流

由于湿地所处的地势不同，一块湿地有可能成为另一块湿地的供给水源地，成为补给地下水蓄水层和部分浅水层的水源。湿地水源补充地下水对于依赖中/深度水井作为水源的社区和工农业生产来说是很有价值的。洞庭湖水体常作为湖区居民生活用水、工业用水和农业用水的水源。洞庭湖湿地能将过量的水分储存起来并缓慢地释放，从而将水分在时间和空间上进行再分配，可以削减洪峰、均化洪水。控制洪水的能力因湿地类型而异，已经饱和的河边湿地不能蓄水，这个区域为过渡区域，雨水和上游水经过这里直接流入河中，使河水流量加大。与此相反，洪泛平原在洪水期可以储存大量洪水，从而可以削减洪峰高度，减少下游的洪水风险。

洞庭湖属于典型的洪泛平原，具有调蓄洪水的能力。洞庭湖湖泊形状近似U字形。据统计，岳阳站水位33.50 m（黄海基面），湖长143.00 km，平均湖宽17.01 km，最大湖宽30.00 km，湖泊面积2 625 km^2，平均水深6.39 m，最大水深23.50 m，相应蓄水量167×10^8 m^3。洞庭湖区河网纵横，湖泊星罗棋布，水网交错，湖区多年平均总径流量3 126$\times10^8$ m^3，约占长江总径流量的1/3，其中“四水”过湖水量1 684$\times10^8$ m^3，长江过湖水量1 180$\times10^8$ m^3，区间过湖水量为262×10^8 m^3。当七里山水位达31.87 m时，洞庭湖底水容积111.6×10^8 m^3，可调蓄洪水55.4×10^8 m^3。洞庭湖湿地植被也可减缓洪水流速，从而进一步消减洪水造成的危害。长江沿岸1954年的特大洪水，最大来水量4.85×10^4 m^3，而最大出水量仅2.24×10^4 m^3，消减率达53%。

2.2.2.2 净化水质

洞庭湖湿地具有减少环境污染的作用。当水体进湿地时会受到水生植物的阻挡作用，缓慢的水体有利于颗粒物的沉积，许多污染物质吸附在沉积物表面，随同沉积物而积累起来，从而有助于与沉积物结合在一起的污染物储存、转化。洞庭湖多年水质环境监测数据表明，由于洞庭湖湿地的净化作用，加上洞庭湖为洪道型过水湖泊，水的交换周期短（最长周期为19天），洞庭湖水环境质量基本保持在地表水Ⅱ～Ⅲ类水平，洞庭湖的水质是比较好的。一些湿地植物如挺水、浮水和沉水植物，在组织中富集的重金属浓度比周围水体高出10万倍以上。水浮莲、香蒲和芦苇都已成功地被用来处理污水。其中芦苇对水体中污染物质的吸收、代谢、分解、积累和减轻水体富营养化等具有重要作用，尤其对大肠杆菌、酚、氯化物、有机氯、磷酸盐、高分子物质、重金属盐类悬浮物等的净化作用尤为明显。国外自 20 世纪 60 年代即对苇塘的生态效应开展研究。我国学者测定太湖区芦苇根茎，发现“六六六”和 DDT 含量为水体含量的 125 倍和 2 933 倍。有研究表明，在镉含量为 3 mmol/L 的污水中，芦苇幼苗没有表现出明显受害症状，故芦苇对处理镉含量较高的工业污水具有很大的应用价值。在人工芦苇湿地中，芦苇对 TN、TP 的平均去除率分别为 49.34%、29.39%。在芦苇根孔对污水净化的研究中发现，污水经过土层一定时间处理后得到净化，其中对磷的净化能力很大，达到 85.8%～92.4%，氮为 41.3%～43.5%。据实验，芦苇田对 As 的净化能力为 96.06%，Fe 为 94.64%，Pb 为 80.18%，Be 和 Cd 为 100%。以上结果表明，芦苇湿地生态系统对净化湖泊、水库的水质具有非常重要的作用。洞庭湖区水生植物（沉水植物、浮水植物和挺水植物）的面积约为 4.93 万公顷，湖草、杂草滩的面积为 7.45×10^4 公顷，荻和芦苇的面积变动范围为 5.87×10^4～6.53×10^4 公顷，可见芦苇等湿地植被在洞庭湖水质净化中的作用是非常大的。

2.2.2.3 维持生物多样性

洞庭湖湿地自然条件复杂，导致湿地生态系统多样性和湿地景观高度异质性，为众多野生动植物栖息、繁衍提供了场地，因而在保护生物多样性方面有极其重要的价值。特别是为植物物种提供了完成其生命循环所需要的全部因子，其他物种包括许多水生动物如鱼虾类，它们将借助湿地完成产卵并度过幼年期。许多物种因有生产利用价值而被人类使用。然而，它们的持续生存却依赖于其他野生物种。因此，一个对人类没有多少直接价值的野生物种的减少，可能导致具有重要经济意义的其他物种的相应减少。一些湿地植物的遗传多样性非常丰富，如野生稻为水稻进一步杂交育种提供了宝贵的基因资源。洞庭湖湿地还养育着许多野生物种，从中可培育出多个商业性品种，给我们带来更大的经济价值。

洞庭湖湿地独特的地理环境和气候条件，使其具有丰富的生物资源。动植物种类繁多，其中有国家一级保护动物 11 种和国家二级保护动物 20 余种。湖区内湿地生态环境经过长期自然变迁和人类社会经济活动的影响，形成了目前的自然—社会—经济复合型生态环境。

表 2-4 洞庭湖湿地生物种群一览表

种群	种类	优势种
植物	170 科 637 属 1 428 种	禾本科、莎草科
鱼类	11 目 22 科 114 种	鲤科类、鳅科类

续表

种　群	种　类	优势种
鸟类	16 目 46 科 217 种	雁、鸭类
两栖类	2 目 7 科 15 种	黑斑蛙、中华大蟾蜍
爬行类	3 目 10 科 32 种	游蛇、石子龙
哺乳动物	8 目 16 科 35 种	华南兔、小家鼠
软体动物类	8 科 48 种	螺蚌

资料来源：陆国强等《洞庭湖湿地生态环境背景及生态区划研究整理》，1997.

据袁正科的调查资料，洞庭湖湿地植物区系有土著维管植物 81 科、229 属、468 种，占全国湿地维管植物 135 科、433 属、1 459 种（及变种）的 60.00％、52.88％和 32.07％。洞庭湖湿地植物区系在中国湿地植物区系中占有十分重要的位置，在湖南省植物区系中也占有重要地位。在洞庭湖 468 种湿地维管植物中，已知具有经济用途的有 249 种，其用途较广，包括了医药、蔬菜食用、饲料饵料、蜜源、绿肥、农药、园林绿化、食品原料、固土护坡、油料、纤维造纸、用材、小工业品原料等十余个方面的用途。医药类有 179 种，有的为中草药原料，有的为珍贵药材原料，如单叶蔓荆、活血丹、半边莲等。食用蔬菜类有 34 种，如莲、藕、芡实、菱、水芹、蒌蒿等均为市场畅销的天然无公害蔬菜，营养丰富。像水芹、蒌蒿、菱（植物）、黑藻、藜、通泉草等，历来是湖区生猪的饲料源，水生杂草为鱼的饵料，浮叶眼子菜等为鸟类特别是冬候鸟的重要饲源。牧草类主要为短尖苔草、弯囊苔草、红穗苔草等莎草科苔草属植物，虉草、牛鞭草、狗牙根、双穗雀稗等禾本科草类，这些牧草养分含量高，是优良的牧草、饲料和肥料。牛鞭草、狗牙根、双穗雀稗等少数几种草形成的群落成为湖区水牛放牧的主要场地。蜜源类植物有紫云英、泥胡菜、紫苜蓿等。绿肥类有 27 种，主要有槐叶萍、苜蓿类、满江红、眼子菜类、黑藻、苔草类等。这些野生草资源，特别是苔草类、黑藻、眼子菜类，因其富含有机质和多种养分，加上来源充足，历来是湖区稻田、苎麻地及其他农用地沤制绿肥的主要原料。农药类有 16 种，如臭荠、土荆芥等。纤维造纸类有 31 种，主要有荻、芦苇、紫芒以及拂子茅、白茅、苎麻等，这也是一类重要的经济植物。根据袁正科对洞庭湖湿地植物群落及现存生物量的测定结果（表 2-5），可知各群落类型的平均现存生物量（干重）。洞庭湖区主要经济鱼类有青、草、鲢、鳙、鲫、鳊、鳜等 20 余种，鱼类年产量达 9.62 万吨，另有中华鲟、白鲟、银鱼、鲥鱼、胭脂鱼等珍贵鱼类 5 种。洞庭湖鸟类资源约占全国 81 科的 50.6％，1 186 种的 13.3％，数量较大的有 9 种，种类数量达 5.4 万只。

表 2-5 洞庭湖主要群落类型的平均现存生物量（干重）

植物群落名称	生物量（$t/hm^2 \cdot a$）	建群种（%）	其他经济植物（%）	合计（%）
荻	13.970	85.44	11.32	96.76
芦苇	8.945	56.72	27.43	84.15
牛鞭草	11.58	88.91	7.68	96.59
眼子菜	2.925	87.2	12.80	100
紫芒	9.420	54.29	33.69	87.98
辣蓼	9.71	57.21	24.31	81.52
白茅	8.685	90.27	8.00	98.27
乱草	6.340	66.90	33.10	100
虉草	4.820	75.90	10.91	86.81
弯囊苔草	5.515	59.24	6.68	65.92
短尖苔草	2.710	69.79	11.50	81.29
茭笋	5.360	69.37	6.50	75.87
香蒲	3.510	43.47	15.51	58.98
少花荸荠	1.780	—	—	—
黑藻	2.895	—	—	—
金鱼藻	1.45	—	—	—
乌苏里杂	1.09	—	—	—
杂草	1.000	—	—	—
苦草	0.909	—	—	—
浮萍	0.83	—	—	—
莲	3.015	—	—	—
荇菜	0.89	—	—	—
空心莲子草	5.83	—	—	—
三蕊柳	17.615	77.39	6.72	84.11
旱柳	95.11	69.37	12.53	81.9

注："—"表示非建群种；资料来源：袁正科等，2004.

此外，洞庭湖拥有辽阔的湖洲滩地，开发利用前景广阔。湖洲滩地总面积22.6万公顷，且每年以4 000 hm^2的速度增长。湖区湖洲土壤有机质含量丰富，土壤适水和通气性好，自然肥力高，保水存肥力强，适宜芦苇、苜蓿、鸡眼草、狗牙根、双穗雀稗、苔草等多种经济植物和优质牧草生长。而且这些湖洲滩地大面积连片，牧草繁茂，叶片细嫩，草质优良，产草量较高，鲜草产量可达 25.2 t/hm^2。湖洲年产鲜草 170.4 万吨，牧草利用率在 62%以上，比山区草场载蓄量高 1 倍左右，理论载蓄量达 11.6 万头牛单位，具有较大的载蓄潜力。

2.2.2.4 调节气候

湿地调节气候功能包括：通过湿地及湿地植物水分循环和大气组分改变，来调节局部地区温度、湿度和降水状况；调节区域内风、温度、湿度等气候要素，从而减轻干旱、风沙、冻灾、土壤沙化过程，防止土壤养分流失；改善土壤状况。巨大的湖泊、河流和其他水面，不断向空气中输送水汽，使附近湿地空气中的水蒸气得到补充，其湿度高于附近非湿地区。

洞庭湖区的年平均空气相对湿度达 81%，比环湖丘陵高 10%以上。水体对气温有一定的调节作用：当温度偏低时，水体放出热量；温度偏高时，水体吸收热量。水体调节作用减少了年际温差和昼夜温差。洞庭湖区 7 月下旬至 8 月上旬，大多数均温在 29.6 ℃左右，昼温趋低，夜温趋高。日均温大于 35 ℃的天数不到衡阳盆地的一半，也低于邵阳和零陵地区。湖泊效应作用使冬季气温高于周边地区 0.1 ℃～1.5 ℃，极端最低温高出 1.8 ℃～4.6 ℃。如果湿地上游水土流失严重，将会导致集水区沉积物增加，致使湿地蓄水量和湿地面积减少，还可导致湿地吸纳沉积物的能力大幅度降低，湿地调节气候的能力下降。芦苇是湿地主要的植物资源，素有“第二森林”之美称。芦苇根系从土壤吸收大量水分后，大部分通过茎叶的气孔以水汽的形态逸入大气中，其蒸腾系数为 637～862，即生产 1 t 芦苇要蒸腾 70 t 左右水分。这一生物调节作用，能有效地净化空气，润泽一方水土。芦苇不但能够湿润空气，而且能够通过光合作用吸收空气中大量的 CO_2。通过对芦苇样品的分析可知，生产 162 g 干物质可吸收 264 g 的 CO_2，即 1 g 干物质需要 1.63 g 的 CO_2。湿地土壤温度低、湿度大，微生物活动弱，植物残体分解缓慢，土壤呼吸释放 CO_2 速率低，易形成碳积累。湿地排水后，进行各种方式的开发利用，湿地分解加快，对 CO_2 浓度水平可能有潜在影响。Franzer 提出，若将全球的沼泽地全部排干，碳的释放量相当于森林砍伐和化石燃料燃烧排放量的 35%～50%。由此可见，芦苇湿地能够大大缓解排放温室气体对环境的破坏。洞庭湖调节气候功能具体通过以下途径来实现：

（1）气温调节

从湖南省气候中心编制的《湖南省气候图集》（湖南省气候中心，1987）

上可以查到：洞庭湖湿地区域范围（岳阳、益阳、常德、临澧、津市）年平均最高气温线在 21 ℃以内，而湖滨丘岗区在 21 ℃～22 ℃；年平均最低气温在 14 ℃线以上，而周围在 14 ℃～13 ℃线间；年平均日较差在 7 ℃以内，环湖丘岗区在 7 ℃～8 ℃间；年极端最高气温湿地区为 38 ℃～40 ℃，而环湖丘岗区为 40 ℃～43 ℃；年极端最低气温湿地区小于－12 ℃，而环湖丘岗区在－12 ℃～－14 ℃之间。洞庭湖湿地调节气温的幅度在 1 ℃～3 ℃之间，全年日最低气温在 0 ℃以下，初、终日数在 6 d 以内，而环湖丘岗区在 6～9 d 间；全年日最高气温在 35 ℃以上，日数 1～2 d，而环湖丘岗区在 2～3 d 间。

（2）增加空气湿度效应

根据《湖南省地面气候资料（累年值）》所载资料（湖南省气象局，1983）分析，位于洞庭湖东岸的岳阳平均空气相对湿度为 81%，而位于受丘岗区影响的华容仅为 79%；位于围垦湿地的安乡为 83%，而洞庭湖岸以西的慈利、石门（山丘区）只有 76%；位于湿地区的南县为 82%，而同纬度的安化（林区）只有 81%。湿地区年平均相对湿度可提高 1.4%。从绝对湿度分析，澧县、安乡分别为 17.5 毫巴和 17.6 毫巴，而安化为 16.5 毫巴，湿地区年绝对湿度可提高 0.6～1.2 毫巴。

（3）降低周边城市“热岛”强度

由于洞庭湖湿地特定的地理位置和发达的水陆交通，湿地岸边城市设置较多，如岳阳市紧邻东洞庭湖，益阳市和常德市靠近围垦湿地，沅江市称水城，南县、安乡、湘阴、津市、澧县都位于湿地区。城市气候是在区域气候的背景下，经城市化以后，在人类活动影响下形成的一种局地气候。在城市化过程中，人类活动不断改变着下垫面的性质，将自然生态环境（包括湿地环境）变成性质坚硬的建筑物，即人工地貌体。由于城市社会经济的高速运转，需要大量的矿物燃料，燃料燃烧放出大量的热量。人为热的释放，包括工厂生产、家庭炉灶、机动车行驶、内燃机燃烧的“废热”排放，空调、取暖器等生活设施的热量排放，以及人体新陈代谢产生的热量等，使城区增加了许多额外的热量，从而改变城市区热量平衡，形成城市“热岛”。城市气候的恶化打破了环境带给人类的自然舒适度。

湿地作为一种特有的下垫面，其水面、沼泽和绿色植物覆盖的洲滩，一方面以水分的蒸发散耗热，同时绿色植物在地表与大气间形成“绿色调湿层”，形成湿地特有的气候条件。湿地气候对湿地区域城市气候产生不可避免的影响，使城市“热岛”效应降到最低程度。

2.2.2.5 旅游休闲

考古发现，洞庭湖湿地，特别是南洞庭湖湿地，不仅是中国长江流域文明的摇篮和世界古文明的重点区域，也是中国近代革命的热点和中心区。距今10万年前，人类就在此繁衍生息；9000年前，已经形成了新石器时代文化；6000年前，洞庭湖地区就在长江文明中处于领先地位；5300年前在此形成许多原始村落，出现了城邑雏形；青铜器时代，人类聚居村已相当密集；春秋战国时期，它由落后的蛮越部落文化跃升为楚文化。2000多年来，兼容并蓄，成为湘楚文化源远流长的文化积淀，形成了洞庭湖湿地可供生态旅游、文化教育和科学研究的文化景观资源。文化景观资源中包含有物质文化（稻耕文化、船文化、建筑文化、生产文化、工程文化）、精神文化（民俗风情、湖乡禁忌、饮食文化、植物文化）和制度文化（傩文化、楚文化）等。

洞庭湖湿地区域还有许多的古遗址。如10万年前的赤山旧石器遗址、仰韶文化的南金山遗址、龙山文化的水秀湾遗址、石城山遗址、杨幺起义遗址、重华遗址、屈家岭文化时期的吼龙岗遗址以及新石器文化的漉湖遗址等数十处。另外还有古城、大庙、古墓遗址，如明朗山原始社会墓、春秋战国墓群、东西汉墓群等，以及张果老仙人遗址、观音仙女池、柳毅传书井等传说人物遗址，还有屹立于湖水中的镇江塔和凌云塔等。洞庭湖湿地旅游资源十分丰富。

远离都市喧嚣、融入自然已成为现代人们休闲的时尚。风光旖旎的湖泊、河流、草原、湿地等相映成趣，成为休闲度假的良好场所。湿地以其形态和声韵的优美，给人以精神享受，增添生活情趣。湿地生态系统多种多样，千姿百态的风景区是人们休闲娱乐、疗养的好地方，旅游者希望看到原始自然状态和自然生境中野生动物壮观的场面，在自然中人的本性可以得到充分体现。自然常常使人得到发展和升华。此外，候鸟洞庭湖越冬，为大力开发以观鸟作为湿地旅游项目创造了条件。珍稀候鸟多于每年11月迁来洞庭湖越冬，翌年3月北返，这其中正遇上元旦、春节，从而构成了湖区的旅游旺季。据汉寿青山湖统计，在旺季旅游者能增加7 000人次，年增加旅游收益约178.5万元。据岳阳、常德、益阳三市统计，2010年接待国内外游客280万人次，收入92.97×10^{8}元；境外游客6.37万人次，创汇$2\ 762.59\times10^{8}$美元。

2.2.2.6 维护区域生态安全

湿地生态系统是陆地生态系统与水域生态系统相互作用的界面和相互连接的纽带。湿地生态系统的健康状态与相连接的陆地生态系统、水域生态系统的健康状态密切相关、互相影响。由于湿地处于陆地生态系统和水域生态系统之间过渡地带的位置，它们对自身水分贮存和运动等正常模式的水文变化尤其敏感。水文条件能直接改变湿地的物化特征，如营养物质有效性、下层土缺氧程度、土壤盐度、沉淀物性质和pH值等。水分输入是湿地的一个主要营养源，水分输出也常从湿地中带走生物和非生物物质。这些物化环境的改变，反过来直接影响湿地中生物的响应。当湿地水文条件改变时，即使是细微的变化，也会引起生物区系在物种丰富度和生态系统生产力方面的很大变化。湿地面积大小与当地生态安全关系极为密切，当一个流域或区域湿地面积超过一定阈限时，或者湿地景观格局发生明显变化时，则会对该流域或者区域的物质循环、能量流动带来明显影响，进而影响其生态安全。如突发性的危害性淹水是洞庭湖垸区内湿地的一个显著特点，也是一个造成垸区湿地生态系统结构破坏的重要因素。有史以来，洞庭湖湿地就处于敏感地段，加之人类的不合理开发，该区域生态环境变得更为脆弱，洪灾发生频率也越来越大。公元 276—1524 年，发生洪水 15 次，83 年一次；公元 1525—1851 年，发生洪水 16 次，20 年一次；公元 1852—1949 年发生洪水 11 次，9 年一次；公元 1950—1998 年，发生洪水 10 次，约 4 年一次。最近 20 多年来，几乎每年都有洪水灾害。洪涝灾害直接威胁着洞庭湖区人民的生命和财产安全，不仅给当地带来巨大的经济损失，而且也严重制约着区域经济的可持续发展。

2.2.2.7 物质元素循环

营养物质在生态系统中循环流动，其中一部分营养物质合成各种有机质后参与生命有机体的构建。在湿地生态系统中主要表现为草本植物及木本植物的生物量及其副产品。营养物质有的在植物体内保存，有的归还给土壤。这两部分营养物质避免了受雨水淋溶而流失。植物体固定的这些营养物质有氮（N）、磷（P）、钾（K）、钙（Ca）、镁（Mg）、硫（S）、铁（Fe）、硼（B）等多种元素。营养元素在不同植物体内、不同植物器官，以及不同湿地土壤类型中是不同的。在估算洞庭湖湿地营养元素积累效应时，主要考虑土壤的贮存服务效应与植物的固定积累服务效应。

（1）湿地土壤营养元素贮存效应

根据国内诸多学者的研究成果和洞庭湖的独特状况，得出洞庭湖湿地土壤贮存 N 的量为 350.353×10^{4} t/a，贮存 P 的量为 284.064×10^{4} t/a，贮存 K 的量为 60.44×10^{4} t/a。

（2）植物固定营养元素效应

植物固定贮存营养元素的量与植物群落的生物生产量及植物器官营养元素含量有关。根据相关研究结果和来自湖南省林业厅的数据，计算出洞庭湖湿地植被固定营养元素的效应值为：N 为 87 148.16 t/a，P_2O_5 为 22 539.76 t/a（折合 P 元素 9 841.30 t/a），K 为 156 842.16 t/a。

（3）营养元素归还效应

营养循环是湿地生物化学循环中的一部分。这种循环，是维持系统生命特征的重要生态过程。湿地营养循环很重要的一点是湿地植物群落与土壤之间的流动过程，即湿地植物通过根系从土壤中吸收各种营养物质，并将其中一部分用来构建植物组织，同时又以凋落物（枯枝落叶和根系死亡凋落物）的形式及其他方式，逐年将营养元素归还给土壤。地上部分枯枝落叶等凋落物的量决定于植物群落类型、水文条件、土壤及其他群落结构特征，条件不一，相差较大。地下部分凋落物来源于根系，特别是细根凋落物量。在水分充足条件下，其细根生长周期比地上部分要短得多，且凋落物的量大。在估算凋落物营养归还量时，除来源于地上部分外，还应考虑地下部分生物量。凋落物营养元素归还量用凋落物营养元素含量乘以湿地区域内凋落物总量，然后相加求得。其结果见表 2-6：

表 2-6　洞庭湖湿地植物凋落物归还量

类　型	凋落物总量（t/a）	N（t/a）	P（t/a）	K（t/a）
木本植物	56 547.43	235.80	39.58	79.05
沼泽化草甸	242 071.13	617.28	159.77	1 118.37
水生植物	13 839.01	35.29	9.13	63.94
合计	312 457.57	888.37	208.18	1 261.36

资料来源：袁正科等，2004.

（4）固碳服务效应

大气温室效应对全球气候变化的影响已经引起社会广泛关注，二氧化碳（CO_2）是浓度最高、对温室效应贡献最大的温室气体。湿地对全球范围的碳循环有着显著的影响。湿地丰富的泥炭储存，可以作为潜在 CO_2 的一个重要的“汇”。湿地经过排水后，改变了土壤的物理性状，地温升高，通气性得到改善，植物残体分解速率提高，有机残体分解过程中产生大量的 CO_2 气体排放至大气，湿地又可能表现为碳的“源”。湿地固定碳的量包括土壤的贮存碳与植物的固定碳。

1）土壤的贮存碳量

为估算湿地土壤有机碳贮量，这里将湿地土壤分为原生植被（苔草、矮禾草和杂草草甸）未受干扰的土壤、植物产品每年被取走的高禾草（南荻、芦苇）洲滩土壤和周期性取走产品的由草甸转变为林地的土壤。根据中科院亚热带农业生态研究所研究人员对洞庭湖天然湿地有机碳垂直分布与组成特性的研究结果，通过数据分析，结果见表 2-7、2-8、2-9、2-10。

表 2-7　季节性淹水洲滩苔草、矮禾草、杂草草甸土壤贮碳量

土壤环境状况			有机碳贮量			微生物碳贮量		
土层深 (cm)	土壤容重 (g/cm³)	面积 (hm²)	含量 (g/kg)	单位碳 (t/hm²)	贮量 (t)	含量 (mg/kg)	单位碳 (t/hm²)	固碳量 (t)
0～10	0.65	48 510	52.20	33.93	1 645 976	1.597	1.038	50 354
10～30	1.25	48 510	25.0	61.76	2 996 035	0.723	1.784	86 543
30～110	1.35	48 510	15.0	162.00	7 858 772	0	0	0
合计	3.25	145 530	92.2	257.69	12 500 783	2.32	2.822	136 897

表 2-8　季节性淹水洲滩林地贮碳量

土壤环境状况			有机碳贮量			微生物碳贮量		
土层深 (cm)	土壤容重 (g/cm³)	面积 (hm²)	含量 (g/kg)	单位碳 (t/hm²)	贮量 (t)	含量 (mg/kg)	单位碳 (t/hm²)	固碳量 (t)
0～10	1.125	25 741	20.29	22.83	587 688	470.5	0.529	13 617
10～40	1.225	25 741	18.47	67.88	1 747 284	355.0	1.305	33 593
40～110	1.325	25 741	15.12	140.22	3 609 532	187.5	1.736	44 687
合计	3.675	77 223	53.88	230.93	5 944 504	1 013	3.570	91 897

表 2-9　季节性淹水洲滩芦、荻、高禾草甸土壤贮碳量

土壤环境状况			有机碳贮量			微生物碳贮量		
土层深 (cm)	土壤容重 (g/cm³)	面积 (hm²)	含量 (g/kg)	单位碳 (t/hm²)	贮量 (t)	含量 (mg/kg)	单位碳 (t/hm²)	固碳量 (t)
0～10	1.04	112 417	19.63	20.415	2 295 011	0.424	4.410	495 763
10～40	1.33	112 417	14.97	59.730	6 714 722	0.355	1.416	159 183
40～110	1.35	112 417	14.32	97.532	10 964 344	0.210	1.995	224 273
合计	3.72	337 251	48.92	177.677	19 974 077	0.989	7.821	879 219

表 2-10　水生植物土壤贮碳估算

土壤环境状况			有机碳贮量			微生物碳贮量			
土层深 (cm)	土壤容重 (g/cm³)	面积 (hm²)	含量 (g/kg)	单位碳 (t/hm²)	贮量 (t)	含量 (mg/kg)	单位碳 (t/hm²)	固碳量 (t)	小计
0～10	0.84	61 233	31.70	26.628	1 630 526	1.528	1.284	78 623	170 950
10～40	1.10	61 233	24.55	81.015	4 960 834	0	0	0	4 960 834
40～110	1.28	61 233	10.91	97.755	5 985 883	0	0	0	5 985 883
合计	3.22	183 699	67.16	205.398	1 257 743	1.528	1.284	78 623	12 655 867

从表 2-7 至表 2-10 可以总结出如下几点：①洞庭湖天然湿地土壤 110 cm 深的土体总贮碳量约为 5 128.325×10⁴ t，折合 CO_2 为 1.88×10⁸ t，约相当于

湖南省长（沙）、株（洲）、（湘）潭地区2003年燃料燃烧、人畜呼吸、森林火灾、柴草燃烧及其他方式年排放CO_2总量3 347.42×10^4 t的5.62倍。如果按洞庭湖土壤碳转换周期57年计算，则一年贮存碳量约为91.549 6×10^4 t/a。由此可见，洞庭湖天然湿地土壤具有很大的贮碳服务效应。②从湿地贮碳服务总量上看，在湿地类型组合中差异很大，贮碳量最大的为季节性水淹洲滩南荻、芦苇湿地类型组合，达2 085.329×10^4 t，其次为湖沼型水生植物湿地和季节性水淹洲滩苔草、矮禾草、杂草湿地，分别为1 265.586 8×10^4 t和1 263.768 2×10^4 t，贮碳量最小的为季节性水淹洲滩草甸湿地改造成林地的湿地，为603.640 3×10^4 t。③从湿地贮碳能力即单位面积湿地的有机碳贮量上分析，其大小排列顺序为：季节性水淹洲滩苔草、矮禾草、杂草草甸，为257.69 t/hm^2；其次为草甸改造成林地的湿地，为230.93 t/hm^2；再次是湖沼型水生植物湿地205.398 7 t/hm^2；季节性水淹洲滩芦苇、南荻湿地最少，为177.677 t/hm^2。洞庭湖几个典型湿地类型的贮碳能力均小于三江平原的泥炭沼泽（622 t/hm^2）和腐殖质沼泽（490 t/hm^2），而大于其沼泽化草甸（144 t/hm^2）。洞庭湖湿地虽居亚热带，气温高，碳易氧化散失，但其贮碳能力仍然很强。④微生物碳固定量的大小排列顺序为南荻、芦苇湿地土壤，林地土壤，苔草等草甸土壤和湖沼水生植物土壤。出现上述现象的原因是：在湿地土壤的还原环境中，尽管一些厌氧反应过程能降解有机碳，但通过好氧呼吸进行的有机质的生物降解受到抑制，使有机碳在湿地中得以积累和贮存。如果湿地土壤还原环境被打破，则好氧呼吸进行的有机质生物降解产生并加速，以CO_2形式排放到大气中。因此，洞庭湖季节性洲滩草甸湿地被改造成林地时，由于在改造过程中通过开沟沥水、整地造林等措施，改变了原湿地的氧化条件，好氧微生物增加，有机碳以CO_2的形式大量地排向大气，使湿地的碳贮量减少。洞庭湖草甸湿地改造成林地是近年的事，其土壤贮碳量保持了230.93 t，但改造成的林地虽然平均时间只有5年左右，但贮碳量已损失了10.38%。如此继续下去，碳损失将会进一步加大。芦苇和南荻是优质造纸原料，每年归还的量只有枯枝落叶和根系凋落部分，而茎秆则以商品的形式输出系统以外，因此土壤中有机碳贮存只有苔草等未被扰动洲滩湿地的68.87%。湖沼湿地水生植物尽管生物产量不高，但由于存在一个有利于碳素贮存的还原环境，仍具有高于芦苇、南荻洲滩的碳贮量。

2）植物的贮存碳量

湿地的野生植物及其群落主要为草本植物，天然木本植物除川三蕊柳以外，其余仅以单株或小片聚生的格局存在。草本植物有的为一年生植物，有的为多年生植物，南荻和芦苇每年还要被刈割，所以植物的固碳量应以年固碳量为单位进行估算。

根据植物净生产量进行碳固定量估算时，先要进行碳的转换。碳是通过湿地植被在光合作用下把大气中的CO_2固定到植物体内实现的，但植物也在不断呼吸，放出CO_2到大气中，二者的差值就是植被固定碳（CO_2）的净增量。它以湿地植物净生长量（生产量）来体现。植物有机体主要是由碳水化合物中的纤维素组成，也含有其他的碳水化合物、有机化合物、矿物质等。

洞庭湖湿地各种类型植被层碳密度不同，乔木层 15.607～40.501 t/hm^2，草本层植被 5.906～21.632 t/hm^2，水生植物层 1. 460～3. 492 t /hm^2，平均为 14.954 t/hm^2。洞庭湖湿地植被层碳密度较高，这是因为洞庭湖湿地处于中亚热带地区，光、温、水环境条件较好，湿地植被净初级生产力比寒带的北方泥炭湿地和温带的三江平原湿地植被高，因此植物层碳密度也较大。

湿地是陆地生态系统重要的碳库，湿地生态系统的碳贮量变化在全球陆地生态系统碳循环和全球气候变化中具有非常重要的作用。湿地经人为干扰后，碳的分解速率非常快，以至于几千年储存的碳在短短几年内释放到大气中，成为大气温室气体的源，大大加快了全球气候变暖的过程。因此，保护好湿地和保证湿地吸存碳的潜力尤为重要，必须制定保护湿地的相关措施。控制人类干扰、防止湿地破碎化、提高湿地植物生产力、建立碳储量清单、加强生物多样性和湿地其他服务功能的保护，是湿地管理中应该优先考虑的问题。另外，湿地生态系统还有许多其他重要功能，如防风、护岸、储存古环境信息、生态审美、教学科研价值等，这都需要对不同地区、不同类型的湿地给予定量解释。

3）社会功能价值评估

湿地的社会效应是指以共同物质生产活动为基础而相互联系的人类关系的总体，及其在消费湿地物质、劳务或服务时所得到的满意度。社会效应表现在精神价值和文化价值两方面。目前，对洞庭湖湿地社会效应的研究尚需进一步加强，这里只对洞庭湖区科研文化与社会就业作初步分析。

2.2.2.8 科研文化效应

文化资源是人们从事文化生产或文化活动所利用或可利用的各种资源，它不仅是指物质财富资源，同时也包括精神财富资源。比如历史文化遗址的实体就是物质财富资源，而其文物形态就是精神财富资源。而科研价值包括人们利用湿地资源进行基础研究、开发研究和国际研究的价值；教育价值是指湿地资源被用做学生实习基地、研究生论文研究基地以及影视产品出版发行等的价值。

洞庭湖湿地是一个多样性物种的天然贮存库和基因库，这里的天然湿地生态系统和自然景观是极为珍贵的原始自然界。目前它为衡量人类活动结果的优劣提供了客观评价标准，也为探讨某些生态系统今后的发展方向提供了原始参照。与此同时，具有优越自然条件和自然地理优势的洞庭湖湿地，已成为设立在大自然中的天然实验室，有利于进行长期科研研究，探索各种生物系统的结构、功能及其在自然和人为干扰下的动态，从而达到保护的目的。洞庭湖湿地同时也是一个最真实、最生动的自然博物馆，是一个向人们进行保护自然、热爱自然教育的大课堂。

作为一种独特的地理单元和生存环境，洞庭湖湿地生态系统对形成湖区独特的传统、文化类型影响很大。复杂多样的湿地动植物群落、濒危物种等在科研中有着重要地位，它们为教育和科学研究提供了对象、材料和实验基地。

2.2.2.9 社会就业效应

湿地为社会提供就业机会，是湿地社会服务的一项重要功能。洞庭湖湿地所提供的就业机会包括：①为渔民提供猎渔的岗位；②湿地管理；③湿地保护；④湿地水产养殖；⑤湿地科学研究。据湖南省林业厅对洞庭湖湿地生态系统服务功能的价值统计，洞庭湖区现有渔民 3 万多人，从事水产养殖人数约 8 万人，湿地管理、保护人员 2 600 人，加上增殖效应（增殖系数 2.2），洞庭湖湿地提供的就业岗位人数为 242 500 余人。

2.3 洞庭湖湿地生态系统服务功能现状

洞庭湖湿地是地球上具有多功能的独特生态系统，在调蓄洪水、调节径流、改善气候、净化污染和维护区域生态平衡方面具有不可替代的作用。但近年来人类活动对洞庭湖湿地的干扰日益严重，湿地生态系统正在遭受前所未有的冲击和破坏，其生态服务功能正在迅速衰退，根本原因在于，洞庭湖湿地整体的环境功能和社会经济价值未得到社会公众、政府和湿地开发管理部门足够的重视。重新审视洞庭湖湿地生态系统服务功能并对其价值进行定量评估，有利于提高全社会对湿地保护重要意义的认识以及湿地研究与利用的水平，从而为湿地管理提供科学依据，确保湿地及其资源的持续利用。

2.3.1 服务功能价值构成与计算

2.3.1.1 服务功能价值分类

洞庭湖湿地生态系统服务功能包括对湖区人们生存及生活质量有贡献的生态系统产品和生态系统功能，其具有生态服务功能的多面性，从而决定了洞庭湖湿地生态系统服务功能的多价值性。湿地类型及其管理目标不同，在功能价值取向上也存在差异性。湿地价值分类是研究湿地生态系统服务功能的基础，经过诸多学者的研究和归纳，湿地价值分类系统一般可用图 2-1 表示。

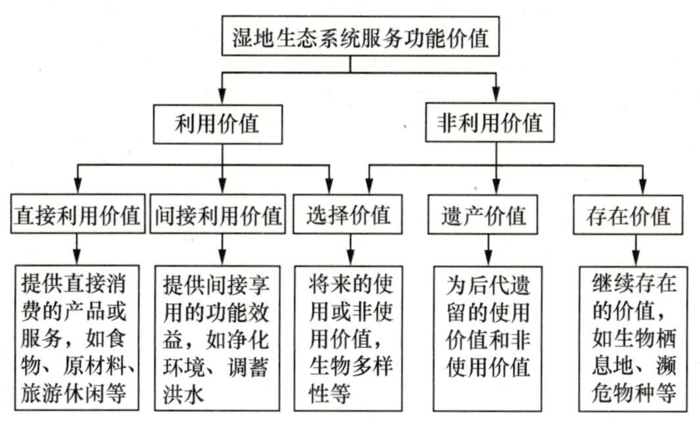

资料来源：鞠美庭等，2009

图 2-1　湿地价值分类系统

湿地生态系统服务价值分为湿地利用价值和湿地非利用价值，而湿地利用价值又分为湿地直接利用价值和湿地间接利用价值，非利用价值分为湿地遗产价值和湿地存在价值等。有学者认为，选择价值在一定程度上也是遗传价值，而选择价值本身也可以划分为直接利用价值和间接利用价值，在一定程度上只是时间维度的延伸。因此在上述分类系统中，将选择价值划分为既与直接利用价值联系又与非利用价值联系的一类价值。直接利用价值由湿地生态系统中的食物、原料、旅游、科研、文化等可供人类直接消费的产品价值组成；间接利用价值由湿地生态系统带来的营养物质循环、水土保持、涵养水源、维持大气平衡等生态功能效益价值组成；遗传价值由湿地物种基因库等为后代种质资源保存的价值构成；存在价值由湿地生物栖息地、濒危物种等人们能认识到的继续存在的价值，基于道德信念等价值组成；选择价值由湿地生物多样性、保护栖息地等人们将来直接或间接利用的价值组成。以生态系统为主导因素对生态系统服务价值进行分析，可将湿地生态系统服务价值分为两个层次：第一个层次是基础服务价值，包括资源价值（食品、原料等）、功能价值（净化水质、大气调节等）和栖息地价值（动物栖息等），基础价值对应于维持人类生存、生活的基本条件，反映人的本质需求；第二个层次是社会服务价值，包括旅游、科研、教育等，反映的是社会属性，通常取决于人的主观行为，而生态系统条件只是提供一种可能性，它为人类提供精神、享乐条件。

2. 3. 1. 2 洞庭湖湿地生态系统服务功能价值计算

洞庭湖湿地生态服务功能在湿地类型和目标上不同，在功能价值的取向上也存在差异，不同研究者所采用的价值评价分类体系和价值类目存在差异。但综合来看，仍可归纳为直接利用价值、间接利用价值和非利用价值。各类的内涵和组成为：

（1）直接利用价值

指洞庭湖湿地生态系统生产出的产品的价值，包括食品、工农业产品及其他生产原料、景观娱乐等产生的直接价值，即洞庭湖湿地环境直接满足人们生产和消费的价值。洞庭湖湿地的直接使用价值表现为湿地的实际用途价值，主要包括：a. 湿地具有较高的生产力，可提供众多的天然产品，如泥炭、木材、水果、肉类（鸟、鱼、兽）、芦苇和药材等；b. 湿地水源可作为社区生活和生产用水，同时也作为水运通道；c. 湿地因拥有濒危和稀有物种，其生境、群落、生态系统、景观、自然过程和特殊湿地类型，常常成为重要的旅游休闲和教学科研基地。

1）洞庭湖植物资源价值

$$V_r = 1/n\sum_{i=1}^{n} S_i W_i C_i (1+\lambda_i)$$

式中的 V_r 为洞庭湖湿地植物资源年生产价值量，S_i 为 i 年植物资源面积（hm^2），W_i 为植物资源单位面积产量（t），C_i 为芦苇、荻等植物资源单位面积年纯收入价格（元/吨），λ_i 为价格增长系数。得出芦苇、荻单位产品价格为 0.41 元/千克，苔草、湖草及木本植物资源的单位产品价格为 0.40 元/千克。客观估算湿地植物资源的蕴藏量是其经济价值评估的关键，在以往众多研究的基础上，根据不同植物资源的面积和单位面积产量再对其价值进行估算。

A. 洲滩沼泽化草甸植物蕴含量。本区域面积变动在 5.87×10^4～6.53×10^4 hm^2之间。据调查，荻与芦苇群落的比例大约为 3∶2，该群落的蕴藏量为 73.02×10^4 t，其价值为 3.47×10^8元。湖草、杂草滩面积为 7.45×10^4 hm^2，主要由苔草群落、虉草群落和杂草群落组成，其比例大约为 4.5∶3.5∶2，苔草蕴藏量约为 17.10×10^4 t（春秋两季），虉草约为 12.57×10^4 t，杂草约为 11.92×10^4 t，三者的蕴藏量为 41.59×10^4 t，其价值为 1.66×10^8元/年。

B. 湖沼植被蕴藏量。洞庭湖区有内湖水面 9.35×10^4 hm^2，外湖以枯水期东、南、西三个洞庭湖湖群面积为 238.72 km^2（角鹿 23.0 m）、257.6 km^2（杨柳潭 27.0 m）和 50.4 km^2（小河咀 28 m）计算，洞庭湖总面积为 5.46×10^4 hm^2，总水域面积为 14.81×10^4 hm^2。据袁正科等研究，大约 1/3 的水域有维管束类的水生植物。在水生植物中，沉水植物、浮水植物和挺水植物的比例大约为 6∶3∶1。按此比例计算，沉水植物的蕴藏量约为 6.15×10^4 t，浮水植物约为 4.18×10^4 t，挺水植物约为 2.29×10^4 t。三项相加为 12.62×10^4 t，其价值为 0.51×10^8元/年。

C. 洲滩落叶阔叶灌丛蕴含量。三蕊柳、河旱柳平均每年积累量约为 12.67×10^4 t，其价值共计 0.51×10^8元/年。

由上计算得出洞庭湖湿地植物资源年平均价值为 6.15×10^8元/年。

2）洞庭湖鱼类资源价值

据统计，洞庭湖鱼类年产量达 9.62 万吨，近年洞庭湖区各种鱼类的平均市场价格为 5 元/千克，计算得出洞庭湖湿地渔产品价值量为 4.81×10^8元/年。

3）洞庭湖供水与蓄水价值

$$Lv = 1/n\sum_{i=1}^{n} KxB_t(1+\lambda_i)$$

式中 Lv 为供水与蓄水价值量（元），B_t 为洞庭湖湿地蓄水量 167×10^8 m^3，Kx 为单位供水与蓄水平均价值量 0.5 元/立方米，λ_i 为价格增长系数，从而计算出洞庭湖湿地供水和蓄水产生的经济价值为 83.50×10^8元/年。

（2）间接利用价值

指无法商品化的洞庭湖湿地生态系统服务功能价值，如生物多样性、净化水质、调节气候等产生的间接利用价值，即从洞庭湖湿地环境所提供出来的，以支持目前生产和消费活动的各种功能中所间接获得的效益。洞庭湖湿地的间接使用价值表现为湿地功能价值，主要包括：a. 降低洪峰，滞后洪水过程，减少洪水造成的财产损失；b. 补给地下水和向湿地供水；c. 控制盐化和避免海水从地下浸入而造成水质恶化；d. 防止河岸、湖岸和海岸的侵蚀；e. 抵御风暴袭击，保护社区财产；f. 移出、固定营养物和污染物；g. 调节气候；h. 野生生物栖息地；i. 碳循环；j. 维持自然系统持续发展。具体包括：

1）洞庭湖调蓄洪水价值

$$Lv = 1/n\sum_{i=1}^{n} C_iV_i(1+\lambda_i)$$

式中 Lv 为多年平均调蓄洪水价值量；V_i 为当年洪水蓄储量，可调蓄洪水 55.4 亿立方米，C_i 为当年修建 1 m^3水库库容的平均价格，其单位价格为 0.67 元/立方米，λi 为价格增长系数。按照上式可计算出洞庭湖洪水调蓄的价值量为 37.12×10^8元/年。

2）洞庭湖科考旅游价值

$$L_T = L_iB_i$$

式中 L_T为科考旅游价值量（元/年），Li 为单位湿地科考旅游效益（元/公顷），Bi 为洞庭湖湿地科考旅游面积（$80.70\times10^4 hm^2$）。以我国单位面积湿地生态系统的科考旅游价值 382 元/公顷，以及 Costanza 等人对全球湿地生态系统科考旅游功能价值的平均值 3 635 元/公顷作为参考依据，计算出洞庭湖湿地科考旅游的总价值为29.33×10^8元/年。

3）固碳放氧价值

洞庭湖湿地植物资源蕴藏量为151.59×10^4 t/a。根据植物光合作用方程式“$6CO_2+H_2O \rightarrow C_6H_{12}O_6+O_2 \rightarrow$多糖”，植物每产生1 g干物质可吸收1.63 g的CO_2和放出1.2 g的O_2。计算得出洞庭湖湿地植物吸收CO_2的量为247.09×10^4 t/a，而植物呼吸作用放出CO_2的量为0.15×10^4 t/a，净吸收CO_2的量为246.94×10^4 t/a。根据目前国际上通用的碳税率标准和我国的实际情况，采用我国造林成本和国际碳税标准的平均值725元/吨作为碳税标准，得出洞庭湖湿地植被吸收CO_2而产生的价值量为17.90×10^8元，进而计算出洞庭湖湿地植被放出O_2的量为181.91×10^4 t/a。根据目前我国的造林成本，推算出我国森林生产氧气的成本为369.7元/吨，以此作为标准估算出洞庭湖湿地释放O_2而产生的价值量为6.73×10^8元/年。因此，洞庭湖湿地植物固碳放氧产生的总价值为24.63×10^8元/年。

4）净化水质和降解污染价值

$$Lv = 1/n\sum_{i=1}^{n} C_i V_i (1+\lambda_i)$$

式中Lv为洞庭湖净化水质的价值，C_i为单位污水处理成本，V_i为洞庭湖每年接纳周边地区污水量，λ_i为价格增长率。洞庭湖多年平均接纳周边地区污水7.59×10^8 t，单位污水处理成本为0.4元/立方米，从而计算出洞庭湖净化水质而产生的价值量为3.04×10^8元/年。以上为点源污染的净化价值，事实上，洞庭湖湿地还存在较为严重的非点源污染，而湿地对这些污染物的降解功能往往容易被忽视。参考Costanza等人的研究结果可知，由此湿地生态系统降解污染功能的单位面积价值为4177美元/公顷·年，计算洞庭湖降解污染的价值为87.72×10^8元/年。严格地讲，这一价值也包括了对水质的净化价值。因此，客观地估算洞庭湖湿地（主要是湖泊湿地）净化水质和降解污染的价值应该是在3.04×10^8～87.72×10^8元/年范围内。

5）生物栖息地价值

1992年被列入《世界重要湿地名录》的洞庭湖湿地，具有沼泽和水域等多种类型的生态系统，是鱼类和鸟类在华中地区最理想的栖息地之一，为野生生物提供了良好的栖息地和避难所。Costanza等人的研究成果显示，湿地提供避难所这一公益价值为304美元/公顷（折合人民币2 432元/公顷），所以洞庭湖湿地栖息地功能价值为19.63×10^8元/年。

（3）非利用价值

也称为非使用价值，指独立于人类对洞庭湖湿地生态系统服务的现期利用价值，它源于人类可能对未来湿地利用方式选择的评价，特别是人类不清楚其将来所具有的较高的价值，即人们依据某种物品的内在属性，对其资源价值的一种道德上的评判，表示人们对洞庭湖未来价值的一种推测和希望。洞庭湖湿地的非使用价值主要包括其存在价值和遗产价值。遗产价值源于人们将价值置于湿地生态系统的保护之上，供后代利用，并涉及关于未来收益以及未来技术的可用性的一些假设条件；而存在价值是人们为了将来能直接利用与间接利用某种生态系统服务功能的支付意愿，被认为是争论最大的内在价值类型，它是对生态环境资本的评价，这种评价与其现在或将来的用途都无关，而且这类价值是对未来可能价值的一种推测和希望，其价值量依赖于人类主观意识，并随人类对湿地生态服务功能的认识不断变化，因此其价值量难以评估。

（4）选择价值

湿地的选择价值体现了人们可能会保护湿地的愿望。湿地选择价值的出现取决于湿地资源存在供需不确定性，并且依赖于消费者对风险的态度。因此从某种意义上说，洞庭湖湿地的选择价值相当于消费者为一个未利用资产所愿意支付的保险金，其目的在于避免将来失去它的风险。

2.3.2 服务功能价值评估方法

国内学者在研究湿地碳储存价值评估方法时，从市场、成本和调查等角度建立了碳储存价值评估方法体系。基于市场的方法包括直接市场法（市场价格法、影子价格法）和替代市场法（边际社会法、机会成本法）；基于成本的方法包括损害评价法和避免损害评价法，以及防护成本法、减缓成本法等；基于调查的方法主要为意愿调查评估法等。

综合国内外湿地生态价值估算的诸多方法，洞庭湖湿地生态价值用货币表示的估算方法主要有：市场价值法、旅行费用法、碳税法和造林成本法、费用支出法、影子工程法、替代费用法、条件价值法、模糊数学法、损害评价法、减排成本法等 17 种评价方法。

2.3.2.1 市场价值法

也称生产率法，是指对有市场价格的生态系统产品和功能进行估价的一种方法，主要用于生态系统生产的物质产品的评价。即把环境看作生产要素，环境质量的变化导致生产率和生产成本的变化，从而导致价格和产出水平的变化，而后者是可观察和测量的。市场价值法适用于没有费用支出但有市场价格的环境效应价值核算，如湿地中的动植物产品虽然没有市场交换，但有市场价格，可以用市场价格来估算它们的经济价值。

2.3.2.2 旅行费用法

旅行费用法是根据游客在旅游活动中所有的支出和花费，从而对旅游区旅游价值进行估算的方法。该方法常常用来评价那些没有市场价格的自然景点或者环境资源的价值。通过旅游者在消费这些环境商品或者服务所支出的费用，对湿地旅游价值进行估算。一个家庭的旅游费用取决于景点的娱乐性和其他商品服务。利用游憩的费用求出“游憩商品”的消费剩余，并以此作为生态游憩的价值，即旅游价值＝旅游费用支出＋旅行时间价值＋其他花费。

2.3.2.3 费用支出法

费用支出法是从消费者角度来核算生态环境效益的价值，它以人们对其中环境效益的支出费用来表示该效益的经济价值。

2.3.2.4 碳税法和造林成本法

碳税是指各国制定的温室气体（GHG）排放的税收，如对 CO_2 排放的税收。碳税是在估算温室气体排放所造成损害及减排成本的基础上制定的，其税额应最大限度地反映减排成本。各国确定的碳税率不相同，例如欧盟为 12.4 USD/t，丹麦和荷兰为 60 USD/t，瑞典和挪威约为 180 USD/t。根据生物学特性，植被具有吸收 CO_2 和释放 O_2 的能力，计算时，根据光合作用方程式，计算出单位干物质生产量所吸收的 CO_2 和释放的 O_2，再根据国际上对 CO_2 排放收费（碳税）标准，将 CO_2 指标换算成经济指标，得出固定 CO_2 的经济价值。我国造林成本为 260.9 元/t。

2.3.2.5 影子工程法

是恢复费用法的一种特殊形式，当难于直接计量某项自然生态环境价值时，以人工建造一个工程来替代生态功能或原来被破坏的生态功能的费用。恢复费用法是指当自然生态环境遭到破坏时，将其恢复到原有状态所需费用，以此作为估计自然生态环境资源价值的依据。例如计算单位蓄水量库容成本时，若以 1988—1991 年全国水库建设投资估算，加上物价变化指数，得出每建设 1 m^3 库容需年投入成本 0.67 元。

2.3.2.6 替代费用法

也是恢复费用法的一种特殊形式，是指先通过分析需花费多少钱才能替代某一开发项目对生产资料所造成的损失，然后将这些费用与防止环境损失发生的费用相比较，如果替代费用大于预防费用，那么环境破坏就可以避免。

2.3.2.7 生态价值法

将 Pearce 的生长曲线与社会发展水平以及人们生活水平相结合，根据人们对某种生态功能的实际支付来估算该生态服务价值的方法。

2.3.2.8 条件价值法

又称权变估值法、调查法、假设评价法。是通过支付意愿 WTP（willingness to pay）或接受补偿意愿 WTA（willingness to accept）的调查而实现的评估方法。其核心是直接利用征询问题的方式诱导人们对非使用价值（如环境商品）的保存和改善进行支付的意愿，从而确定某种非市场性物品或服务的价值。

2.3.2.9 模糊数学法

指利用模糊评价的方式定性估量生态服务价值的一种方法。如：根据灌溉污水各种污染物质浓度和国家水质评价标准，将各因子进行模糊评价，得到各因子的评价向量，结合人口、用水量、国民收入评价向量，确定权重系数，得出灌溉前后由于水中污染物变化程度所产生的价格之差，结合蓄水量，得出净化值。

2.3.2.10 损害评价法

另一种为避免湿地 GHG 排放造成损害而进行的湿地生态系统储碳服务功能效益的成本评估方法。因为天然湿地由于受到干扰和破坏而排放大量的 GHG，进而对全球造成损害。天然湿地碳储存的价值就在于可以避免碳排放造成的损失。湿地碳储存效益等于湿地转化后的净碳释放量乘以湿地储碳的边际效益，或乘以气候变化的边际社会成本，或乘以气候变化的边际损害成本减去气候变化的边际效益。

2.3.2.11 减排成本法

是用将环境质量维持在一定水平的不同减排选择的成本评价湿地储碳价值的方法。减排成本可理解为社会避免气候变化损害所支付的费用。按照效益分析法的原理，在最优排放水平时边际减排成本等于边际损害成本，因此，可以用边际减排成本替代边际损害成本，湿地储碳的边际效益可以用边际减排成本来衡量。

2.3.2.12 离散选择技术

是通过选择一个商品来表达非市场商品的隐含价格。典型的例子是对时间的估算。

2.3.2.13 防护费用法

用来估算人们对改善环境质量、生态保护的支付额度，得出最低防护费用。

2.3.2.14 人力资本法

人力资本法是通过市场价格和工资多少来确定个人对社会的潜在贡献，并依此来估算环境变化对人体健康影响造成的损失。环境恶化对人体健康造成的损失主要有三方面：因污染致病、致残或早逝而减少本人和社会的收入；医疗费用的增加；精神和心理上的创伤。

2.3.2.15 **机会成本法**

机会成本是指在其他条件相同时，把一定的资源用于生产某种产品时所放弃的生产另一种产品的价值，或利用一定的资源获得某种收入时所放弃的另一种收入。对于稀缺的自然资源和生态资源而言，其价格不是由其平均机会成本决定的，而是由其边际机会成本决定的，它在理论上反映了收获或使用某一单位自然和生态资源时全社会所付出的代价。实际上，对一个湿地保护机会成本进行综合评价是不太现实的。尽管如此，它代表了对湿地用途一个有用的特别评价方法。

2.3.2.16 **享乐价格法**

享乐与很多因素有关，如房产数量与质量，距中心商业区、公路、公园和森林的远近，当地公共设施的水平，周围环境的特点等。享乐价格理论认为：如果人们是理性的，那么他们在选择时必须考虑上述因素，故房产周围的环境会对其价格产生影响，因周围环境的变化而引起的房产价格变化可以估算出来，依此作为房产周围环境的价格，成为享乐价格法。西方国家的研究结果表明：树木可以使房地产的价格增加5%～10%；环境污染物浓度每增加一个百分点，房地产价格下降0.05%～1%。

2.3.2.17 **条件价值法**

条件价值法也叫问卷调查法、意愿调查评估法、投标博弈法，等等，它是生态系统服务价值评估中应用最广泛的评估方法之一，属于模拟市场技术评估方法，适用于缺乏实际市场和替代市场交换商品的价值评估。它的核心是直接调查咨询人们对生态服务的支付意愿（WTP），以支付意愿和净支付意愿（NWTP）表达环境商品的经济价值。

在实际研究中，从消费者的角度出发，在一系列假设前提下，假设某种“公共商品”存在并有市场交换，通过调查、询问、问卷、投标等方式来获得消费者对该“公共商品”的 WTP 或 NWTP，综合所有消费者的 WTP 和 NWTP，即可得到环境商品的经济价值。根据获取数据的途径不同，又可细分为投标博弈法、比较博弈法、无费用选择法、优先评价法和德尔菲法等。

上述生态系统服务价值评估方法各有其优、缺点，但总体看来，直接市场法的可信度高于替代市场法，而替代市场法的可信度又高于模拟市场法。故在选取评估方法时，应遵循以下基本原则：首选直接市场法，若条件不具备则采用替代市场法，当两种方法都无法采用时才用模拟市场法。

2.3.3 服务功能定量评价方法

洞庭湖湿地生态服务功能的定量评价方法可采用以下三类：能值分析法、物质量评价法和价值量评价法。

2.3.3.1 能值分析法

能值分析法是指用太阳能值计量生态系统为人类提供的服务或产品，也就是用生态系统的产品或服务在形成过程中直接或间接消耗的太阳能焦耳总量表示。

（1）能值分析法的基本步骤

①构建能值分析系统图，包括：

a. 定义研究系统的边界，将系统内部的组分和过程同边界外的影响分开。

b. 列出重要的能值源（对系统影响超过5%的外部因子）。

c. 列出边界内系统的主要成分。

d. 列出系统内的主要过程（如各种流、相互关系、生产和消耗的过程等等）。

②建立能值分析项目表。项目表中大多数项目是从能值分析系统图中的能值流线路中得到。

③估算每种流、产品、关键项目的太阳能值大小，进一步对系统进行定量化。

④从能量分析项目表中抽出一些有价值的指标，建立能值分析的指标体系，通过指标体系的分析，对系统的经济发展和环境管理提出政策上的建议。

（2）能值分析法优点

①自然资源、商品、劳务等都可以用能值衡量其真实价值，能值方法使不同类别的能量可以转换为同一客观标准，从而进行定量比较。

②能值分析法把生态系统与人类社会经济系统统一起来，有助于调整生态环境与经济发展的关系，为人类认识世界提供了一个重要的度量标准。

（3）能值分析法的局限性

①计算产品的能值转换率，须对生产该产品的系统作能值分析，用系统消耗的太阳能值总量除以产品的能量而求得，这种分析过程非常复杂，并且难度很大。

②能值反映的是物质生产过程中所消耗的太阳能，不能反映人类对生态系统所提供服务的需求性，即支付意愿（WTP），也不能反映生态系统服务的稀缺性。

2.3.3.2 物质量评价法

物质量评价法是指从物质量的角度对生态系统提供的各项服务进行定量评价。

(1) 物质量评价法的优势

①运用物质量评价法对洞庭湖湿地生态系统服务进行评价的结果比较客观、恒定，不会随生态系统所提供服务的稀缺性增加而大幅度地增加，对于空间尺度较大的区域生态系统或关键生态服务更是如此。

②运用物质量评价法能够比较客观地评价不同生态系统所提供的同一项服务能力的差异。

(2) 物质量评价法的局限性

①运用物质量评价法得出的结果不能引起人们对区域生态系统服务的足够重视，进而影响人们对生态系统服务的持续利用。

②运用物质量评价法得出的各单项生态系统服务的量纲不同，无法进行直接加和，很难评价某一生态系统的综合服务质量。

2.3.3.3 价值量评价法

价值量评价法是指从货币价值量的角度对洞庭湖湿地生态系统提供的服务进行定量评价。

(1) 价值量评价法的优势

①运用价值量评价方法计算生态系统服务能力所得到的结果都是货币值，因此，既能比较不同生态系统的同一项服务，也能将某一生态系统的各单项服务综合起来。

②人们对货币值有明显的感知。因此，运用价值量评价方法得出的结果能引起人们对区域生态系统服务的足够重视，促进人们对生态系统服务的持续利用。

③生态系统服务价值量评价研究能促进环境核算，将其纳入国民经济核算体系，最终实现绿色 GDP。

(2) 价值量评价法的局限性

价值量反映了人们对湿地生态系统服务的支付意愿，这无疑使计算结果存在主观性。随着人类对生态系统的加剧利用，生态资源逐渐耗竭，生态系统为人类提供服务的价格会愈来愈高，因此其价值量也会愈来愈高。

2.4 洞庭湖湿地生态系统服务功能的影响因素

洞庭湖湿地生态系统服务功能整体上可划分为供给功能、支撑功能、调节功能和美学功能等类型，而这些功能发挥的程度与其水文特征、水质状况、水生态、空间物理结构和湖滨景观等因子密切相关。生态系统服务影响人类健康、生计、安全还有其他福利，实现湿地生态和湖区经济协调持续发展是永远的主题。湖区及环湖周边的各种因素对洞庭湖湿地生态服务功能造成了较大的影响，综合起来主要有以下几个方面。

2.4.1 城市化影响

2.4.1.1 城市化对洞庭湖区用地的影响

随着城市人口、经济产业等的高度聚集和城市建设用地的快速扩张，城市对洞庭湖区的自然生态系统产生了巨大的影响，人们与湖区生态系统的作用过程正在发生着深刻变化，城市化与湖区生态系统之间的相互矛盾已成为洞庭湖土地利用研究的热点。城市化通过对洞庭湖区土地利用及其景观格局、生态过程、生物生境、地球化学循环等的强烈影响，正冲击着湖区生态系统的结构、功能及其空间演化过程，特别是严重影响了湖区生态系统为人们提供生命支持和福利的生态系统服务能力。研究认为，城市活动、城市空间组织和土地利用及环境变化的相互作用和反馈机制，使得城市化空间格局影响着洞庭湖生态系统的动态循环特征。目前，针对城市化对洞庭湖生态系统影响方面的微观研究已经比较丰富，主要有：①城市化对湖区生态景观格局的影响研究，主要研究城市化对湖区周围土地利用变化及其景观格局的影响，以及城市化水平与湖区景观格局变化的相关关系。②基于城市化对洞庭湖区土地利用变化的影响，研究洞庭湖生态系统服务价值的变化，认为城市化显著影响了洞庭湖的生态系统服务功能。③城市化对洞庭湖生态系统生产能力及其支撑能力的影响研究。大量研究认为，城市化导致湖区生态系统初级生产力（NPP）发生显著变化，在有些区域导致 NPP 下降，但在干旱年份 NPP 则上升，同时城市化导致洞庭湖生态系统的 NPP 空间异质性增强。④城市化对洞庭湖生态系统物质流动和能量循环过程的影响研究，主要包括城市化程度及其所处阶段与湖区生态系统能量结构、能量类型和流量之间的关系，城市发展导致的湖区景观板块化及鸟类自然栖息地退化，改变了洞庭湖固有的生态系统能量流动和营养循环，城市化影响洞庭湖生态系统有机物质的分解速度等。

2.4.1.2 城市化对洞庭湖区环境的影响

在城市化过程中，人口聚集、工业化和服务业的快速发展，导致用地紧张，进而向外围地区迅速扩张，使湖区湿地面积减少；以混凝土为材料的建设用地大面积增多，使得洞庭湖区域特别是建城区硬化面积扩大，导致地表径流增加和径流形成时间提前，进而容易产生洪涝灾害和土壤侵蚀；加上益阳、岳阳、常德等湖区周边城市居民对农产品的大规模和多样化需求，使得城市郊区甚至腹地农业用地结构也发生了巨大变化，耕地面积减少，耕地转化为果园、苗圃（或花卉基地）以及休闲用地，导致区域土地利用及其格局发生显著变化，最终使得植被覆盖度、生态系统初级生产力下降，植被对 O_2 的释放量和 CO_2 的固定能力下降。在城市绿地、广场、公园等的建设和道路绿化中大量引入外来物种，生物多样性发生明显改变，进而影响到湿地生境和资源。在这一过程中，交通网络的延伸，特别是外围农业开发及生产方式的转变，导致湖区生物生境破碎化，改变了生态景观的连接性，如水文过程、有机质与营养物质循环过程等，破坏或中断了生态系统水分和养分保持能力，影响了物种分布、运动和迁移，改变了生态过程，由此导致洞庭湖生态系统的孕育、传递及其格局发生了巨大变化，使得洞庭湖生态系统所能提供和维持服务的能力发生变化。

2.4.1.3 **城市化对洞庭湖区资源的影响**

人口、工业及商业、服务业的大规模发展与集聚，使周边城市对洞庭湖区各种资源及能源需求和消费增大。第一，城市工业用水、农业用水、生活用水和生态用水大量增加，导致大量开采地下水、修建人工水坝（池）和给排水渠系等，使得湖区水系、水网以及水资源的“源”和“汇”格局发生极大变化，影响了洞庭湖水文循环过程。第二，对能源使用量增加，一方面大量余热的排放，改变了局地气温，使得城市内部、郊区出现明显的近地气温差异；另一方面，随着工农业发展，大量无机肥、杀虫剂、除草剂及其他有毒物质如重金属等污染物排放到湖区环境中，导致洞庭湖环境污染加剧。这一过程，伴随着植被覆盖度下降和水文循环的变化，改变了 C、N、P 等营养元素的“源”和“汇”，使得营养元素的传输路径、传输速率发生了变化。这些变化直接影响了洞庭湖区生物生境、生态系统水分和养分的正常传输和循环，进而对湖区湿地生态系统服务功能产生影响。

2.4.1.4 **城市化对湿地人文景观的影响**

洞庭湖湿地自然景观与生态系统为科学研究、教育以及休闲观光等提供了重要的资源场地。随着城市化进程的推进，城市居民生活方式也发生了巨大转变，由以往的物质需求逐渐转向亲近自然、接近自然的精神需求。特别对长期生活在钢筋水泥等人造环境中的市民而言，追求自然的迫切需求使得城市居民到郊区及乡村地域的旅游需求增加，刺激了乡村娱乐休闲服务（如农家乐）的出现和快速发展。由于乡村地域对生态系统服务功能的重视，从而加大了对自然景观与生态休闲娱乐项目及设施、服务的建设，促进了湖区自然生态文化娱乐功能的增强。

2.4.2 人类活动的影响

人类活动从维持自身生境、生物和生态过程的平衡与稳定中直接或间接享受洞庭湖湿地生态系统所提供的服务。而人类活动方式对洞庭湖湿地生态系统服务功能的影响也正是通过改变湿地生境、生态系统结构和生态循环而引起的。

2.4.2.1 人类活动通过改变生境影响洞庭湖湿地的生态系统服务功能

人类活动对湿地生境的影响主要表现在以下两个方面：①改变生境或使生境破碎化。围湖造田、水资源透支利用、树木过度采伐或栽植、城市化等多种人类活动导致洞庭湖生境改变或破碎化，损害洞庭湖生物多样性及其提供产品的能力。这些活动将湖区自然生态系统转变成人工生态系统，使湖区湿地的生境特征发生了显著变化。生境变化又使物种的适应性变差，引起物种丧失。同时，新生境的开辟又为生物入侵提供了场所，使许多原来不适合在该地发展的生物因生境改变而变得适应，从而危及本地物种。此外，人类活动对洞庭湖水生生境的破坏会削弱湿地生态系统提供产品的功能，导致作为主要蛋白质来源的鱼类食品减少。②环境污染损害洞庭湖生境质量。农业增产、工业化等过程中排放的大量污染物严重损害洞庭湖生境质量，同样也就损害了生态系统维持生物多样性和提供产品的能力。随着工业化进程的加速和农业发展，排入到湖水中的废液、废渣有增无减。生境中化肥、农药、油、酸等多种污染物增加的程度已远远超过了湖水自净功能的阈值，不仅造成了该项功能的直接损害，而且通过破坏湖区生境对其中生物的生存构成直接威胁。

2.4.2.2 人类活动通过改变洞庭湖湿地生态系统结构影响其服务功能

随着人口增长和科技发展，人们逐渐加大对湖区生物资源的利用强度，并创造了巨大的物质财富。与此同时，土地开垦等人类活动也改变了洞庭湖生态系统的结构，严重影响其多种生态系统服务功能的维持，影响的方面主要有：①生态系统一级结构缺损。土地开垦、水资源过度开发利用、过度捕鱼等活动常使湖区生态系统中结构缺损，降低土壤流逝控制和沉积物保持的功能、营养物质贮存与循环的功能以及调节气候的功能。这些活动使原有的生产者从生态系统中消失，分解者和土壤中的各种营养物质也会随水土流失而减少，引起土壤肥力下降、团粒结构破坏，最后导致内湖面积不断缩小以及环湖地带土壤质量不断退化，甚至生态系统崩溃。②生态系统二级结构发生变化。捕鱼、打鸟、贸易等活动常使湖区生态系统中二级结构的某一组成成分发生变化，导致生物种类减少、种群数量下降、层次结构发生变化等，降低了生物多样性的维持能力和生态系统产品的供给能力。一方面，许多生物因食物链的中断而迁移或消失；另一方面，这些灭绝的生物又是下一营养级生物的天然控制者，上一营养级生物的丧失可能导致下一营养级生物泛滥成灾。

2.4.3 外来物种入侵的影响

近年来通过对洞庭湖湿地的调查分析，发现有外来入侵植物 19 科 34 属 43 种，约占该地区植物种类总数的 18.3%，主要分布于防洪大堤及路边，如美洲黑杨、意大利杨、空心莲子草、野胡萝卜、积雪草等。生物入侵已成为洞庭湖湿地生物多样性下降、湿地生态环境退化的重要原因之一。生物外来种的影响是复杂的，而且将会随着全球气候的变化而变化。其中有些外来物种给湖区环境带来不良影响，产生生物污染，造成重大损失（如克氏原螯虾等）。即使是人们有意识地引进外来物种，也大多只注重其经济效益而忽视其负面影响（湖区洲滩大面积生长的六九杨就是典型），尤其是植物外来种所引起的湖区生态系统结构和功能变化的影响。外来物种对洞庭湖生态服务功能的影响一般有以下几个方面。

2.4.3.1 初级生产力

初级生产力是测定植物外来种影响的一个有力指标，可用它来衡量外来种的相对重要性。植物入侵对初级生产力的影响可能是正的、负的或中性的。

植物对初级生产力的正面影响常出现于下列情况：①新的生命形式，如树侵入草地；②新的物候类型，如六九杨、水葫芦、空心莲子草等；③用新的方式摄取资源，如围湖造田、开渠引水等；④新的演替生态位，如相近演替等；⑤外来种可利用本地植物不能利用的资源，如柽柳在荒芜的河岸可利用本地种不能利用的土壤水；⑥外来种取代了生长率低的本地种。另外，如果外来种的光合作用途径发生变化，生产力也可以提高。

2.4.3.2 土壤营养

外来种入侵，会影响土壤的营养。有些外来种可以固氮，叶片营养丰富，凋落物易分解，可以增加土壤的含氮量。外来种根的分布方式不同，可影响营养元素的利用。植物外来种可降低土壤的营养水平，这主要是由于竞争、湖区木本植物落叶的营养贫乏或难分解、积累盐分改变土壤 pH 值等造成的。外来种增加入侵地的野火频率，使土壤的含氮量降低、速效钾含量增加。

植物外来种可影响湖区土壤的盐分含量，如盐生植物侵入淡生植物占优势的群落，积累盐分多于淡生植物，其残体分解时，释放出盐类化合物，土壤盐分增加，影响其他植物生存。外来种如有特殊生理功能，可吸收土壤中难吸收的元素并将元素转化为有机物，进入生态系统物质循环，影响其他生物生长。植物外来种本身可能具有或分泌影响微生物生长的物质，从而影响营养物质循环。

2.4.3.3 土壤的水分

植物外来种能强烈影响土壤水的内含物和群落景观水平的水分平衡。这种影响有正向的，也有负向的。负向的影响出现于以下情况：①外来种叶片蒸发率或叶面积大于本地种，水分利用率高，或在水资源有限的地方增加群落综合用水；②通过改变栖息地表面特征而影响景观水分平衡，如外来种形成不同的林冠结构，产生含水多的落叶层，改变渗透过程，这种外来种占优势时会影响水分的平衡；③外来种改变物候进程表，会改变水分平衡；④植物外来种能利用本地种不能利用的或利用量少的水源，也会改变水分的平衡，如深根植物侵入湿草地的情况。

2.4.3.4 稳定性与干扰

植物入侵对群落稳定性和栖息地的干扰影响很重要。外来种有的可增加干扰，而有的则减少干扰。植物入侵会改变可燃物的组成结构，影响野火的频度和严重性，如侵入灌丛的草可增加野火。引进外来植物而出现野火，可使本地种大量死亡。树侵入草地或灌丛，可能减少野火，也可能增加野火，这由落叶质地和落叶层含水量决定。

植物外来种可能影响土壤的侵蚀程度。有的外来种可减少土地的侵蚀，如大米草（*Spartina anglica*）可使潮汐的沉积物沉积固定，减少湖区滨岸带侵蚀。若植物外来种生长快，林冠层可阻挡雨水，根分布广或地下茎不断生长，均有利于减少土壤的侵蚀。但有些外来种可加重侵蚀，如 1 年生的外来种植物取代湖区多年生本地种，分散型生长的外来种取代密集型的本地矮生种。

2.4.3.5 群落的结构与动态

外来种入侵成功，改变了群落的物种组成。若外来种数量多，对整个群落结构及生态系统功能有重大影响。外来种如果影响初级生产力、干扰体制，就可能改变群落动态。能入侵的外来种通常有强的竞争力，且能快速扩展，如果成为优势种，就会影响其他物种，甚至可能减少群落中物种的多样性。如果植物外来种改变关键资源的丰富度，就会改变演替的路线，例如固氮植物通过固氮，可能改变演替方向。植物入侵增加野火，如果外来种耐火，那么野火过后，外来种会迅速繁殖，从而改变演替方向。资源有限时，如外来种能忍耐这种限制而入侵生存，也可能影响群落的演替方向。

2.4.4 泥沙沉积与围垦的影响

湖泊底床高度随泥沙的不断沉积而增加，为人类围湖垦殖提供了良好场所。但过度围垦导致洞庭湖面积缩减，既改变了水动力条件，又助长了泥沙沉积，在湖泊生态系统中形成“泥沙沉积——湿地显露——围垦湿地——泥沙沉积”的恶性循环。水是搬运泥沙的动力，泥沙是塑造湖泊环境的介质，围垦是人与湖泊争地，其相互作用干扰了生态系统服务功能的正常运转与发挥。湖泊生态系统与其他自然生态系统同样属于开放系统，生物与生物、生物与环境之间相互依存、相互作用，其中任何一个环节发生变化，其他环节都会发生连锁反应，故围垦或泥沙沉积可通过不同方式直接或间接影响洞庭湖生态系统服务功能。

2.4.4.1 泥沙沉积对洞庭湖生态系统服务功能的连锁反应

洞庭湖多年平均泥沙沉积量达 1.282 8 亿吨，按洪道面积 1 013 km^2 和 1951—1995 年湖面积的加权平均值 3 000 km^2 计算，湖盆年均填高 0.024 m，年净增湿地 0.04 万公顷，芦苇和荻等水生植物以年均 6.5 hm^2 的速度增长。大面积湿地和水生植物为钉螺孳生及东方田鼠繁殖提供了适宜的生境条件。钉螺是血吸虫唯一中间宿主，生活在水面附近，孳生在杂草丛生的洲滩、沟港、堤坡和涵闸的潮湿环境中。人们常因放牧、种田、捕鱼虾、打湖草以及防洪抢险等活动感染血吸虫病，它严重危及人身健康甚至生命。东方田鼠是洞庭湖区重要农业害鼠，繁殖率高，一般 20 天即繁殖 1 胎，其种群分布与湿地面积大小及显露时间密切相关，枯水期在杂草丛生的湿地上栖息、繁殖，春末夏初随湖泊水位上涨，湿地淹没于水下，东方田鼠以游泳方式从垸外湖河湿地向防洪大堤内迁移，侵入农田危害农作物、传播疫病，使湖区粮食减产，患钩端螺旋体和流行性出血热等疾病人数增多。因钉螺感染和鼠害，洞庭湖区 146 万吨植物资源储存量中真正利用的仅 1/ 3，大量植物资源因未被开发而白白浪费。泥沙沉积还导致土地沙化。由于近 50 年洞庭湖泥沙沉积率一直为 71%～74%，沙化土地面积由 1949 年前的 3.417 9 万公顷增至 2000 年的 5.540 9 万公顷，受沉积环境和水动力条件影响，沙化土地可分五个类型，即流动沙地 139 公顷（占 0.2%）、半固定沙地 1.039 2 万公顷（占 18.8%）、固定沙地 3.372 万公顷（占 60.9%）、沙改田（地）1.101 万公顷（占 19.9%）和非生物工程治沙地 155 公顷（占 0.2%）。

2.4.4.2 围垦对洞庭湖生态系统服务功能的连锁反应

围湖垦殖是在受季节性淹水或常年性淹水不深的湿地上，选择有利地势筑土作堰，外御水、内造田，是以扩大耕地面积为目的的一种较普遍的湿地利用方式，其实质是将自然生态系统转变为人工农田生态系统。实践表明，该利用方式可改变和碎化洞庭湖生态系统的生境，进而对其服务功能产生不良连锁反应。首先，围垦缩小了洞庭湖区生物赖以生栖的空间。围掉的湖汊浅滩多为外源性有机物质的汇入口，具有很高的生物多样性，是适宜鱼、鸟类索饵和产卵的良好场所，且沿岸挺水植物又是某些候鸟、水禽栖息和繁殖地，围垦破坏了水生动植物的正常生境。同时，围垦扩大了洞庭湖区耕地面积。湖区农药用量由 1.5 万吨增至 21 万吨，加上大量投放沤制黄红麻废水铬渣和五氯酚钠等血防药物，污染了生物的生境，导致湖区野生动植物种类及数量呈急剧减少趋势。如银鱼是名贵经济鱼类，20 世纪 50 年代产量达 150～200 吨，目前产量仅为 1.0～1.5 吨，天然湖泊年均鲜鱼产量由 50 年代的 2.45 万吨降至近几年的0.7 万吨，50 年代较常见的白鳍豚、天鹅等珍稀禽类近几年几乎绝迹，白头鹤等珍稀鸟类也少有出现。此外，洞庭湖区围湖造田后，垸外湖河泥沙不断沉积，而垸内泥沙沉积中断，湖区垸高田低的格局日益突出，堤垸抗洪能力被泥沙沉积和洪水位不断抬高而削弱，洪溃缺堤现象频繁发生。能量巨大的溃堤洪水不仅使垸内村庄、耕地、水利设施及人民生命财产安全遭受洪水冲击，垸内积水排泄不畅受淹致涝，而且把垸外河湖湿地上的钉螺疫水、泥沙和悬浮物带入垸内，使河湖沟渠、农田、水体受到污染，垸内曾灭螺达标的村庄、耕地、堤坡和水域复发钉螺，湖区灭螺血防工作更加严峻。

03

洞庭湖湿地
生态系统服务功能的可持续发展

洞庭湖湿地生态系统具有丰富的生物多样性，各种生物在该湿地生态系统中分别扮演了生产者、消费者和分解者的角色，并因此而形成了复杂的食物网。

湖区湿地生态系统具有水成土和水淹的特征，因此，湿地生物都能使用水生环境或在其生活史中的某一阶段依赖这样的潮湿或水生环境。洞庭湖湿地的生产者包括了草本植物、乔木、灌木、浮游植物和泥炭藓等，大多呈省区分布性，体现了隐域植被的特征。湿地生态系统的消费者主要有具飞翔能力的鸟类和昆虫，适应湿生环境的哺乳类、两栖类和爬行类，以鱼类为代表的水生动物，以及种类繁多的底栖无脊椎动物。许多湿地鸟类都具有迁徙特性，它们通常在高纬度地区繁殖，而在东洞庭区域越冬。鱼类也多有洄游特性，其种类组成、数量及分布具有明显的季节差异。底栖生物主要包括原生动物、线虫、浮游桡足类、环节动物、轮虫和大型无脊椎动物等动物类群，根据其食性又可分为两类，一类是沉积食性，另一类是滤食性。细菌和真菌是湿地生态系统的主要分解者类群，其生存依赖于环境，同时它们的生命活动、新陈代谢产物对周围环境也产生了极大影响。

3.1 可持续发展的主体——湿地生物

湿地环境既不同于陆地，也不同于水域，是最典型的生态交错带。其中的生物类群明显表现出生态系统的“边缘效应”，它们的生活史或其中一部分都依赖于湿地或水生环境。洞庭湖区湿地生物与湿地环境有其自身较为显著的特征，湿地生物是洞庭湖湿地中最重要的组成部分。

3.1.1 湿地生态系统的生产者——湿地植被

湿地植被是湿地生态系统的生产者，也是湿地其他生物类群生长和新陈代谢所需能量的主要来源。不同类型湿地植被的种类组成、分布特征具有一定差异。海岸盐沼植被主要由耐盐草本植物组成，沿着高程梯度往往形成单优群落而具有带状分布特征。

3.1.1.1 湖区洲滩湿地植被类型

洲滩湿地是洞庭湖湿地中一个重要湿地类型。由于季节性淹水的长期作用，洲滩湿地上发育出了丰富的湿地植被资源。洲滩湿地按地势高低分布着落叶木本植物和沼泽化草甸组成的洲滩湿地植被。这类植被不同于湖沼植被，也不同于湿地周围的丘岗地植被，它有着自身独特的结构与功能。洞庭湖区洲滩湿地植被中，野生维管束植物共 206 种（含变种），分属于 53 科 128 属。水生维管束植物 77 种，隶属于 32 科 59 属，多为单种属和单属科，其中单种属 50 个，占总属数的 84.75%，单属科 20 个，占总科数的 62.5%。比较大的科有禾本科（有 8 属 8 种）、菊科（有 5 属 5 种）。另外 2 属科 4 个，3 属科 6 个，分别占总科数的 12.5%和 18.75%。比较大的属有眼子菜属（*Potamogeton*），5 种；蓼属（*Polygonum*），5 种；苔草属（*Carex*），4 种。另外有 2 种属 5 个，3 种属 1 个，分别占总属数的 8.47%和 1.69%。在植物种类中以莎草科、眼子菜科、禾本科、金鱼藻科、睡菜科、菱科、水鳖科、杨柳科占重要地位，它们中的一些种类为该区水生植物群落的建群种，且分布较广，如苔草属中的种类，以及眼子菜、芦苇、菰、虉草、金鱼藻、莲、芡实、苦草、黑藻、野菱、鸡婆柳（*Salix* sp.）等。

根据《中国植被》的分类原则，把凡是建群种或与建群种相同的植物群落联合称为群系（formation）。沉水和浮水植物群落的优势种是以植物种类的多度、盖度、密集度、多盖度以及生活型来确定的，而挺水植物是以其相对密度、相对基部盖度、相对干重、频度来确定的。洞庭湖区湖沼植物群落可分为 3 个群系（群落）组，共包含 22 个群系（群落）。

①沉水水生植被：苦草群落（Form. *Vallisneria spiralis*）、金鱼藻群落（Form. *Ceratohyllum demersum*）、黑藻群落（Form. *Hydrilla verticillata*）、葵群落（Form. *Myriophyllum spicatum*）、菹草群落（Form. *Potomogeton crispus*）、狸藻群落（Form. *Vtricularia vulgaris*）、竹叶眼子菜群落（Form. *Potamogeton malaianus*）、茨藻群落（Form. *Najas marina*）、眼子菜群落（Form. *Potamogeton distinctus*）

②浮水水生植被：莲群落（Form. *Nelumbo nucifera*）、芡实群落

(Form. *Euryale ferox*)、野菱群落（Form. *Trapa maximowiczii*)、荇菜群落（Form. *Nymphoides peltatum*)、浮萍群落（Form. *Lemna minor*)、空心莲子草群落（Form. *Alternanthera philoxeroides*)、水鳖群落（Form. *Hydrocharis morsusranae*)

③挺水植物群落：芦苇群落（Form. *Phragmites communis*)、弯囊苔草群落（Form. *Carex dispalata*)、藨草群落（Form. *Scirpus triqueter*)、东方香蒲群落（Form. *Typha orientalis*)、菰群落（Form. *Zizania caduciflora*)、少花荸荠群落（Form. *Eleocharis pauciflora*)

3.1.1.2 湖区沼泽湿地植被群落

洞庭湖洲滩湿地沼泽化草甸可以分为10个群落。

沼泽化草甸包括的10个群落：芦苇群落（Form. *Phragmites australis*)、南荻群落（Form. *Triarrhena lutarioriparia*)、川三蕊柳（鸡婆柳）群落（Form. *Salix triandroides*)、水芹群落（Form. *Oenanthe javanica*)、南首蓿群落（Form. *Medicago polymorpha*)、蒌蒿群落（Form. *Artemisia selengensis*)、辣蓼群落（Form. *Clematis terniflora* var. *Mandshurica*)、虉草群落（Form. *Phalaris arundinacea*)、短尖苔草群落（Form. *Carex brevicuspis*)、小灯芯草群落（Form. *Juncus bufonius*)。其中禾本科的虉草属（*Phalaris*)、南荻属（*Triarrhena*)、狗芽根属（*Cynodon*)、牛鞭草属（*Hemarthria*)，莎草科的苔草属（*Carex*)，蓼科的蓼属（*Polygonum*)，菊科的蒿属（*Artemisia*)，伞形科的水芹属（*Oenanthe*）等种类较多，优势度大，对群落构建具有重要作用。紫云英属（*Astragalus*)、苜蓿属（*Medicago*)、婆婆纳属（*Veronica*）的某些种也可成为优势种或次优势种。此外，酸模属（*Rumex*)、萎陵菜属（*Potentilla*）等也有一些种类加入，组成群落的次要成分。

从植物种类组成的水分生态类型来看，以湿、中生植物为主，如芦苇、南荻、虉草、苔草、蒌蒿、水芹等。承受泥沙淤积是滩地植被的一个显著特征，当泥沙因缓慢淤积而抬高时，过湿的和积水的环境不断发生变化，这种变化逐渐不利于沼泽植物生长，而利于湿生植物生长。这样，沼泽逐渐消亡，而这种滩地植被逐渐形成。

3.1.1.3 湖区植被特征

(1) 洞庭湖区植物区系丰富，地理成分交会错杂

到目前为止，已发现的野生植物和已经规划用于农林业生产的栽培植物（不包括花草等）种类873种，隶属于159科492属，其中种子植物851种，隶属于144科474属。种子植物中，以壳斗科、樟科、冬青科、山茶科、芸香科、山矾科、蝶形花科、禾本科、菊科、莎草科、大戟科、蔷薇科、眼子菜

科、睡菜科、松科、杉科等在区系中占有显著地位。区系中含有一些比较古老的科、属、种。像三白草科、金粟兰科、毛茛科、樟科、防已科、金缕梅科、木通科、睡菜科以及更古老的红豆杉科、银杏科等，有石笔木属、莲属、兰果树属、鼠刺属、马尾松属、粗榧属以及南方红豆杉、银杏、芒箕、石松等，都是古生代或中生代遗留下来的种类。该区中国特有种有银杏、苦槠、马尾松、小叶砾、杉木、喜树等。

该区植物区系属华东区系，地理成分交会错杂。除中亚成分外，其他 14 个分布区类型在该区都有分布。东亚和北美间断分布成分和东亚成分在该区植物区系中占有重要地位。另外，北温带成分对该区植物区系影响很大，并出现了较多的特有成分，在该区植被中起着较大的作用。这四个成分的一些种类为森林植被及草甸植被的主要组成成分，而世界广布成分在水生植被中起着较大的作用。

（2）植被显示出常绿阔叶林带的地带性植被特性

①具有以高位芽占多数的生活型谱，这种生活型谱与浙江的常绿阔叶林区生活型谱相近。

②有芽鳞保护的常绿阔叶层片在丘陵岗地植被中建群作用最大，这些层片由比较耐寒的树种组成，反映出中亚热带的北缘常绿阔叶林特点。

③小型叶多于中型叶。小型叶与中型叶的比值为 5∶3，小于南亚热带的比值（中型叶略少于小型叶），叶型以单叶为主，占 84.57%；革质叶在木本植物中占有很大比重，为 46.06%。这些特性，反映出中亚热带北缘常绿阔叶林的特点。

（3）植被反映出环境条件的特殊性

①存在着水生和湿生生境。该区水生植物占 8.13%，湿生植物占 18.86%。

②存在着沼泽土、沼泽化草甸土、沙地等特殊生境。沼泽植物占 7.8%，沼泽化草甸植物占 7.9%，并且出现了沙生植物。说明该区土壤类型的复杂性和多样性。

③喜光植物占 48.6%，耐阴植物占 24.3%，中庸植物占 27.1%。

3.1.1.4 植被分布特征

植被不仅具有一般性分布规律，而且具有该区的分布特点。

①成带的分布规律：从湖沼至洲滩再从丘陵岗地的下部至上部，植被呈带状分布。从湖沼洲滩的低处往高处，依次出现沉水植物群落、浮水植物群落、挺水植物群落、湿生苔草群落、湿生荻群落、湿生落叶阔叶林群落。从丘陵岗地的下部到上部依次出现中生常绿阔叶林群落、中生常绿落叶阔叶林群落、中

生灌丛或草地等类型的植被带。

②在整个区域范围内，植被具有镶嵌分布的特点，这种特点还存在于各群落的相互镶嵌之中。

③在小区域或小地形范围内植被呈同心圆分布的规律。这些小区域或小地形主要包括湖沼、洲浃和一些形状较规则的洲滩。

3.1.1.5 植被分异现象及特征

从丘陵岗地到洲滩、湖沼区域以及南北纬度间，植被的分异现象都十分明显，说明各区域间生态环境存在较大差异。这些分异现象表现在：

（1）植物区系和地理成分的分异

①丘陵岗地区较湖沼、洲滩区区系丰富，有种子植物种类753种，410属127科，而湖沼、洲滩区所占的种、属、科的比例只有丘陵岗地的37.18%、40.24%和50.39%。丘陵岗地植物群落的建群种主要由松属、石杉属、青岗栎属、樟属、栗属等种类组成；洲滩区的植物群落建群种主要由芒属、虉草属、苔草属、蓼属、蒿属、柳属、枫杨属等种类组成；湖沼则由芦苇属、香蒲属、藨草属、菰属、莲属、芡实属、菱属、苦菜属、眼子菜属、狸藻属、茨藻属、苔草属等种类组成。

②各地理成分在不同区域中的地位不同。丘陵岗地和洲滩有14个地理成分，湖沼区只有13个，比丘陵岗地区少了地中海至中亚、西亚成分。丘陵岗地区以东亚和北美间断分布和东亚分布两个成分在植被分布中占显著地位，北温带分布成分和特有成分对其有较大影响；而洲滩区则以北温带和世界广布两个成分占显著地位。旧世界温带分布、泛热带分布和东亚分布三个成分对其影响较大；湖沼以世界广布成分占显著地位，同时泛热带分布、东亚分布、东亚和北美间断分布对其也有一定影响。在区系属性上，丘陵岗地区的热带属性较大，而洲滩湖沼区温带属性较大。

③南北纬度间，从北往南植物种类增多，常绿种类增多，喜暖热种类增多。湖区南部丘陵常绿阔叶林中的润楠、刺楞、华鼠刺、杜茎山、杜英、四川山矾、南天竹、南方红豆杉等为北部桃花山等地所少见。在地理成分上，北部出现了更多的华北区系的种类，如树栎、栓皮栎、槲树及蒌陵菜属等，以及在海拔不到100米的青山还出现了列当；在南部出现了北部所没有的华南区系成分，如石笔木、山龙眼等属中的种类，以及玉兰属的白玉兰等。

（2）层片结构及群落在空间组合上的差异

①层片结构：丘陵岗地植物群落主要由常绿高位芽和落叶高位芽两个层片组成。落叶高位芽层片在洲滩植物群落中有一定的影响。禾草（多年生草本）层片和根茎苔草（地下芽）层片在洲滩植被中的建群作用最大，而这些层片在

其他区域少见。沉水植物和其他根茎地下芽层片组成水生植被。层片结构在三个区域间存在着明显的分异。

②植物群落在空间组合上的分异。丘陵岗地区以中生常绿阔叶林、常绿针叶林、常绿落叶阔叶林、灌丛等组合成地带性植被景观；洲滩地是以湿生落叶阔叶林、禾草草甸、苔草草甸、杂草草甸等组合成以草甸植物为主并混有落叶阔叶层片的植被景观；湖沼以沉水植物、浮水植物、挺水植物等各类型群落组合成水生植被景观。

（3）在生态类型及产量分布上的差异

①生态类型上，丘陵以中生植物为主，占 81.54%，缺少水生植物种类，但出现了旱生植物。耐阴植物、耐寒植物的比重也较洲滩和湖沼大。湖沼洲滩植被中，水生植物和湿生植物占有相当大的比重，为 67.5%，缺少旱生植物种类，且喜光和怕冻的植物种类较多。

②在现存生物量上，从湖沼到洲滩再到丘陵，或从草本到水本，其植物群落的现存生物量一般是递增的，但湿生的洲滩落叶阔叶林群落的生物量较丘陵常绿阔叶林大。

湖区植被产量高、蕴藏量大，有很大的利用价值。草本植物群落的生物量（1 年内）波动在 1～13 吨/公顷之间。水本灌丛为 17 吨/公顷，木本乔木落叶阔叶林为 90.1 吨/公顷，常绿阔叶林为 63.7 吨/公顷，全区野生植物的蕴藏量为 176.82 万吨。如果按 100 元/吨的经济价值进行估算，则每年的潜在经济价值达 17682 万元。在植物的利用价值上，有药用植物 360 种、工业用植物 218 种、食用植物 174 种、农业用植物（绿肥、饲料等）80 种。

湖区植被演替经常处在波动之中，植物群落在三个不同的裸地上发生着三个不同系列的植物群落演替，但演替的方向是一致的。植物的波动有季节性波动（不显露波动）和偏途波动两种。季节性波动包括群落外貌的四季变化，种类和种数的变动，多度、盖度和生物量的变动等。这种变动是季节变化而引起的气候、水文变化，以及植物本身竞争等因素所引起的。这种变动不引起群落性质的根本改变。偏途波动主要是由于泥沙淤积情况的变化，而造成的虉草群落取代弯囊苔草群落，最后又恢复到弯囊苦草群落的过程。植物群落的演替是沿着低湿的洲滩裸地、水中裸地和丘陵次生裸地开始进行的，演替的最终方向是常绿阔叶林。低温的洲滩裸地和水中裸地上发生的演替是原生演替，丘陵区次生裸地上发生的是次生演替。目前这三种演替是进展性的，只要不遭受灾害和人为破坏，这三种演替均能够向着常绿阔叶林的方向发展。

3.1.1.6 植被区系特征

全湖区有 9 个植被类型 62 个群系。根据上述结论和对各植物群落特性的分析说明，洞庭湖区植被应属于中亚热带常绿阔叶林区。

①洞庭湖植被特性、区系组成及地理成分属性都具有明显的亚热带特性。

②常绿阔叶林普遍分布。从最北的桃花山南面山谷到中部的如山，西部及西北部的太浮山、嘉山和南部的会龙山、金猫山等地都有较好的天然常绿阔叶林分布。这些常绿阔叶林的存在形成了该区植被以常绿阔叶林为代表性群落的植被景观。常绿阔叶林由典型的栲树林、石栎林和青岗栎林、含润楠的钩栗林以及樟树林组成。同时在湖南的南部和北部，都出现了被认为是湖南顶级群落的“钩栗+润楠林”或含钩栗的青岗栎林，南部林内出现了一些偏南分布的种类。

③该区出现的一些常绿落叶阔叶林及灌丛等，除桃花山北坡外，其他地区均为次生性演替群落或由生态环境影响所致，并非地带性的代表群落，其演替的最终方向为常绿阔叶林。

④湖沼和洲滩植被为隐域性的，但地带性特征十分明显。在植被地带性属性上处于从属地位，其演替的最终方向应为常绿阔叶林。

⑤常绿阔叶林多由有芽鳞保护的层片组成，特别是建群种，这是植被对寒冷气候适应的反映。在桃花山靠近长江的北坡，发育着结构比较稳定的以栎属为主的常绿落叶阔叶林，这种植被类型为北亚热带植被向该区的延伸和扩展。这就说明，洞庭湖区的常绿阔叶林是耐寒性的，其位置为常绿阔叶林的北界。

⑥华北区系植被不但以其代表性群落（槲栎、栓皮栎为建群种的常绿落叶阔叶林）向该区北缘延伸扩展，影响本区植被特性，同时还以其区系成分入侵该区，给该区植被带来影响。像列当属、萎陵菜属以及栎属中的一些落叶栎等，使该区植被内含有由北亚热带向中亚热带植被过渡与交会的特性。

3.1.2 湿地生态系统的消费者——湿地动物

洞庭湖湿地生态系统的消费者主要有具飞翔能力的鸟类和昆虫，适应湿地环境的哺乳类、两栖类和爬行类，以鱼类为代表的水生动物，以及种类繁多的底栖无脊椎动物。

3.1.2.1 湿地鸟类和其他野生动物

洞庭湖湿地为各种鸟类，特别是水禽提供了适宜的栖息条件。许多湿地鸟类都具有迁徙特性，它们通常在高纬度地区繁殖，而在中低纬度地区越冬。海岸湿地沼泽还会吸引各种迁徙鸟类，特别是鸻鹬类在该区域停栖、觅食，而成为中途迁徙的驿站，如中国黄河河口和长江河口等。湿地鸟类主要以湿地中的底栖动物为食，部分也摄食植物种子、球茎等，如在长江口地区越冬的雁鸭类往往取食海三棱藨草（*Scirpus mariqueter*）的果实、地下球茎和根茎。部分雀形目鸟类，如沼泽鹪鹩（*Cistothorus palustris*）、大苇莺（*Acrocephalus arundinaceus*）等，也在沼泽中摄食、营巢。许多扑食性鸟类，包括白尾鹞（*Circus cyaneus*）、游隼（*Falco* sp.）、鹗（*Pandion haliaetus*）及伯劳（*Lanius* sp.）等也会在湿地区域停栖、觅食。

南洞庭：白鹭对环境的要求较为苛刻，是大气和水质状况的检测鸟，享有“环境鸟”的美誉。鱼鹰（又名鸬鹚），是汨罗江上永恒的风景。调查发现，南洞庭湖冬季鸟类中，有57.3%是湖南的冬候鸟，留鸟占42.7%。虽然南洞庭湖在动物地理区划中属于东洋界，但是冬季鸟类中东洋界鸟类只占20%，而古北界种类占52%，其余都是广布种。这一现象源于南洞庭湖特殊的地热条件和湿地环境，大量北方繁殖的种类南迁至这里越冬，加之湖南境内又无明显的“阻隔”景观，导致南北鸟类相互渗透，因此，构成了南洞庭湖特殊的冬季鸟类群落结构。南洞庭湖的冬季鸟类中，绝大部分（93%）是受保护的珍稀鸟类，其中国家Ⅱ级保护动物有8种；湖南省地方重点保护物种有36种；《国际湿地公约》（拉姆萨公约）中规定的保护鸟类就有27种；《濒危野生动植物种国际贸易公约》（CITES）指定种类8种；《中、日保护候鸟及其栖息环境的协议》中指定种类29种；《中、澳保护候鸟及其栖息环境的协定》中指定种类6种。可见南洞庭湖有着丰富的鸟类资源，是重要的国际重点保护湿地之一。

西洞庭：据调查，西洞庭湖湿地境内有鸟类217种，隶属16目46科117属，其中优势种有18种（占总种数的8.29%），普通种有54种（占总种数的24.9%），所分布生境为该物种主要的适宜生境。在调查记录的217种鸟类中，古北界种类102种（占47.00%），东洋界种类67种（占30.88%），广布种48种（占22.12%），冬候鸟113种，旅鸟1种，留鸟60种，夏候鸟43种。由此可认为，西洞庭湖湿地是冬候鸟的栖息或停息地，古北界种类占鸟类总种数近一半，这也反映了西洞庭湖湿地所处的地理位置和自然生态环境条件是我国鸟类迁徙的重要场所。

不同的鸟类由于对水的适应性不同，沿着高程（淹水深度）梯度也有不同的分布。如在北方淡水沼泽，普通潜鸟（*gavia immer*）通常生活在沼泽中的深水区域，因为那里拥有丰富的鱼类种群；某些鸭类如绿头鸭（*Anas platyrhynchos*）通常在高地上筑巢、浅水区取食，而牙买加硬尾鸭（*Oxyura jamaicensis*）则在水面上筑巢，通过潜水捕食鱼类；涉禽如苍鹭（*Ardea cinerea*）和大白鹭（*Casmerodius albus*）通常在湿地中集群筑巢，并在浅水区捕食鱼类；许多鹟科（*muscicapidae*）鸟类则集群生活在密集的植被中。沼泽区及其周围有大量的鸣禽，它们常常在附近高地上筑巢、栖息，然后飞进沼泽取食。

在湿地生境中，特别是湿地植被上，还有各种吸汁、嚼叶昆虫，如蚜科（*aphididae*）昆虫和鳞翅目（*lepidoptera*）幼虫等。在盐沼湿地中，它们通常被认为是主要的植食性消费者（初级消费者），部分沼泽中还分布有肉食性种类。由于昆虫的存在，也会吸引部分食虫鸟类在区域中取食，如家燕（*Hirundo rustica*）等，通常在内陆栖息，偶尔会进入湿地区域取食。除了昆虫和鸟类，许多湿地生境中通常还有部分两栖类、爬行动物，包括各种蛙类、水蛇等。哺乳动物在淡水沼泽中较为常见，如在北美淡水湿地中常分布有海狸鼠（*Myocastor coypus*），在植物的生长季节，它们取食植物的叶子和芽，冬天取食植物的地下块茎。此外水獭（*Lutra lutra*）、稻鼠（*Oryzomys pslustris*）、负鼠（*Didelphis birginiana*）和白尾鹿（*Odocoileus virginianus*）等也常分布在湿地上，部分种类以水生动物为食。在我国内陆湿地上有水獭、水貂（*Mustela vison*）及河狸（*Castor fiber*）等分布，在江苏省大丰县的滨海湿地上还有我国著名特有种麋鹿（*Elaphurus davidianus*）的分布和繁殖。

而在苔藓泥炭地中，由于生产力低和苔藓泥炭地植物味道差，动物数量通常很少。动物密度与泥炭沼泽植被的结构多样性紧密相关。例如，森林泥炭沼泽往往能供养最多的小型哺乳类动物，尤其是靠近陆地栖息地处。而大型哺乳动物活动范围较广，通常并不局限于特定的单一泥炭沼泽类型，如驼鹿（*Alces alces*）、白尾鹿（*Odocoileus virginianus*）、黑熊（*Ursus thibetanus*）及驯鹿（*Rangifer tarandus*）等。

3. 1. 2. 2 底栖动物及鱼类

底栖生境中主要有原生动物、线虫、浮游桡足类、环节动物、轮虫和大型无脊椎动物等类群。在沼泽表面的大型无脊椎动物主要有两大类，一类是沉积食性，另一类是滤食性。一般认为它们是水生生物，因为它们大部分都具有从水中过滤氧气的器官。多毛纲（*polychaeta*）、腹足纲（*gastropoda*）、甲壳纲（*crustacea*）中的端足目（*decapoda*）种类，这些生物在沉积物表面搜寻食物，主要取食藻类、碎屑和中小型底栖动物；滤食性种类如厚壳贻贝（*Mytilus coruscus*）和贞洁巨牡蛎（*Crassostrea virginica*），主要滤食水体中的颗粒物。

底栖生境中相应动物类群的种类、数量常因环境条件不同而具有明显差异。如 Ziser（1978）和 Bryan 等（1976）调查发现，淤积河流林泽的底栖动物群落，在湿地溶解氧条件下，其优势种为寡毛纲（*oligochaeta*）和昆虫纲的蚊类以及端足目的种类；而在营养贫瘠的沼泽地中，底栖动物有等足目（*isopoda*）和双翅目（*diptera*）昆虫幼虫，优势种为摇蚊幼虫。即使在同一区域，由于生境条件不同，底栖动物的空间分布也具有明显差异。许多湿地，特别是湖岸湿地，主要能量运输途径以碎屑食物链为主，相应底栖生境中的动物类群则成为至关重要的环节。

水生生境中的动物与底栖生境中的动物有一部分是重叠的，主要包括各种鱼类以及部分甲壳动物、软体动物。部分湿地水生生境中的动物类群，由于迁移、洄游，其种类组成、数量及分布具有明显的季节性差异。2002—2011 年，西洞庭湖记录到鱼类 9 目 20 科，共计 111 种，其中已鉴定 110 种，未鉴定 1 种，分别占整个洞庭湖区鱼类（121 种）的 91.27%，长江水系鱼类（370 种）的 30.0%，长江中下游水系（232 种）的 47.8%。结果表明，西洞庭湖鱼类资源不但在洞庭湖鱼类组成中占有重要地位，而且在整个长江水系，特别是在长江中游占有重要地位。

西洞庭湖鱼类区系属于长江鱼类区系的一部分，以第 3 纪中国平原复合体为主体，主要有南方马口鱼、草鱼、逆鱼、赤眼鳟、麦穗鱼、长春鳊、翘嘴红鲌银飘鱼、游餐、鳜鱼等；其次为印度平原复合体，主要有胭脂鱼、黄颡鱼、乌鳢、黄鳝、圆尾斗鱼等；属于中-印山区复合体的有副沙鳅、薄鳅、毛缘犁头鳅等；属于中国山区复合体的有吻鮰等属；属于第 3 纪复合体的有鲤鱼、鲫鱼、鲶鱼、泥鳅等属；属于北方复合体的有花鳅属；属于海水复合体的有银鱼、短合鲚、鱵、鳗鲡等属。

根据鱼类的生活习性，西洞庭湖的鱼类可以划分为洄游型、半洄游型、湖泊定居型和溪流定居型四个生态类型。洄游型由平时生活在浅海或近海，繁殖时入长江口或上游产卵的溯河洄游鱼类，以及平时生活在江河、湖泊、溪流中，繁殖时洄游到浅海或深海产卵的鱼类组成。西洞庭湖洄游型鱼类的典型代表有：中华鲟、鲚、短颌鲚、鳗鲡、鱵、银鱼属等。半洄游型指在江河或湖泊的流水中繁殖，主要在湖泊中进行发育的鱼类。西洞庭湖的鱼类主要是这一类型，记录到的 40 多种，约占总数的 35.7%，包括青、草、鲢、鳙等产漂流性卵的鱼类，在流水中产微黏性卵的翘嘴红鲌、蒙古红鲌 、团头鲂等种类，产具油球沉性卵、在流水中漂流发育的大眼鳜、鳜鱼等种类。湖泊定居型主要指在湖泊中进行繁殖和摄食的鱼类。西洞庭湖记录该类型鱼类 30 余种，约占鱼类总数的 26.8%，主要有鲤鱼、鲫鱼、游餐、大鳍刺鳑鲏等种类。溪流定居型主要指分布于溪流或者水质清洁的小河，对流水产生一定适应性变化的鱼类。西洞庭湖溪流定居型鱼类典型代表有南方马口鱼、月鳢、麦穗鱼、毛缘犁头鳅、华鳈、黑鳍鳈、彩石鲋等。

2002—2011 年，西洞庭湖记录到的珍稀鱼类见表 3-1，包括许多在其他阻隔湖泊已消失多年的物种，如中华鲟、胭脂鱼、银鱼等。

表 3-1 西洞庭湖自然保护区珍稀鱼类资源名录（2002—2011）

物种名	拉丁名	物种名	拉丁名
中华鲟	*Acipenser sinensis*	拟尖头红鲌	*Erythroculter oxycephaloides*
鳗鲡	*Anguilla japonica*	胭脂鱼	*Myxocyprinus asiaticus*
鲚	*Coilia ectenes*	长体鳜	*Siniperca roulei*
短颌鲚	*C. brachygnathus*	毛缘犁头鳅	*Lepturichthys fimbriata*
银鱼	*Hemisalanx prognathus*	大鳍鳠	*Hemibagrus macropterus*
大银鱼	*Protosalanx hyalocranius*	长吻鮠	*L. longirostris*
长江银鱼	*H. brachyrostralis*	月鳢	*Channa asiatica*
鳤	*Ochetobius elongatus*	拟缘鱼央	*Leiobagrus marginatoides*

资料来源：彭平波等，《西洞庭湖鱼类资源调查与研究》，2012。

3.1.3 湿地生态系统的分解者——微生物

3.1.3.1 主要类群

细菌是湿地生态系统最主要的分解者类群，属于原核生物。根据细菌形态可将其分为球菌（*cocci*）、杆菌（*bacilli*）和螺旋菌（*spirillum*）。细菌的大小为 1～8 μm，球菌的直径在 0.75～1.25 μm 之间，杆菌较长，其长度在 2～5 μm之间，螺旋菌则长 5～15 μm。由于细菌的个体非常小，因此通常难以直接观察。由于化学反应速率受温度影响，明显细菌代谢过程也易受温度影响。细菌在最适生长温度时繁殖最快，和其他生物一样，最适宜生长温度是长期进化的结果。一般而言，温血动物致病菌的最适温度在 37 ℃左右，土壤中的伏生菌在 25 ℃～30 ℃之间，海水中的细菌最适温度与室温相仿。根据细菌生长所需温度，可将其分为嗜冷菌（*psychophiles*，－5 ℃～20 ℃）、嗜中温菌（*mesophiles*，20 ℃～40 ℃）和嗜热菌（*thermophiles*，35 ℃以上）。

氧气不仅限制了分解反应的速度，也决定了分解反应的类型。根据细菌对氧气的需求可将其分为五类：

①好氧菌（*aerobes*）。要有氧气存在才能生长。降解糖类等高能分子时，使用氧作为最终的电子受体。。

②微好氧菌（*microaerophiles*）。只能生存于氧气含量较低的环境，氧气浓度过高会因酶无法工作而死亡。

③绝对厌氧菌（*obligate anaerobes*）。若生存于无氧环境，因不具有超氧化物歧化酶（*superxode dismutase*，SOD）和过氧化氢酶（catalase，CAT），将因为无法代谢有毒产物而死亡。

④耐氧性厌氧菌（*aerotolerant anaerobes*）。不使用氧气作为最终的电子受体（发酵），因此不需要氧气。但由于具有超氧化物歧化酶和过氧化物酶，所

以在有氧条件下可以代谢有毒产物，对氧具有一定的耐受性。

⑤兼性厌氧菌（*facultative anaerobes*）。有氧时进行有氧呼吸作用，无氧时进行发酵作用（利用 NO_3^-、SO_4^{2-} 作为最终电子受体）。

真菌是湿地生态系统中另一类重要的分解者。目前已知与湿地有关的真菌非常多，比如 Gessner 和 Kohlmeyer 在米草沼泽发现了 100 多种丝状真菌。在互花米草盐沼中，真菌的生物量可以达到互花米草现存量的 3%（夏天）～28%（冬天），绝大部分真菌生物量来自现存量的死亡体。此外，原生动物有时也作为微生物的重要组成类群，特别是对纤毛虫和鞭毛虫的研究较为深入。

3.1.3.2 分布格局

不同生境中微生物类群的分布具有明显差异。细菌是水体、沉积物和沉水植物包括海草生物量的重要组成部分。而真菌在一些衰老和死亡的大型植物中占明显优势。在一些沉积物中，原生动物生物量与细菌生物量相等，但在其他的生境中，它们的重要性比不上其他的微生物种类。

一般来说，单位体积湿地沉积物中的细菌数量要比水体中的细菌数量多，而与表层漂浮生物或大型植物相接触的表层水体中细菌密度通常也很高。水体中固体悬浮物的增加，往往会导致黏附性细菌的大量生长。湿地水文过程及其所导致的水体理化性质的改变，会对细菌数量及组成的时空变化产生极大影响。

在湿地沉积物中，不同深度也通常具有不同的微生物类群组成。如在盐沼湿地中，沉积物表面富含植物残体和碎屑，真菌是其中主要的分解者。表层沉积物中，需氧细菌是分解已腐烂植物碎屑的主要微生物类群。而在深层的缺氧沉积物中，厌氧细菌数量明显增加，它们以硫酸盐为主要电子受体，分解大部分衰老的根系和地下茎。

细菌等微生物的生存依赖于环境，同时它们的生命活动和新陈代谢产物对周围环境也产生极大影响。特别在浅海沉积物中，细菌代谢产物会敏感地反映在水层中，给水质造成很大的影响。硫化细菌与间隙水中 SO_4^{2-} 含量的垂直分布趋势相同，这与硫化细菌不断将硫化氢氧化成硫酸盐存在一定相关性。在一定程度上，湿地沉积物中微生物种类、数量及分布是反映湿地沉积物环境特征的重要指标。

3.2 可持续发展模式的探索

洞庭湖湿地对湖南省经济、社会发展起着巨大支撑作用，与此同时，经济社会发展对湿地生态环境也相应地造成了较大压力，环境问题日益突出。如果按照传统的只注重经济、不顾及生态的发展模式，单纯的经济增长所带来的环境破坏不但会抵消经济发展速度，而且迟早会阻碍洞庭湖流域人民生活质量的提高。因此，探索湿地生态、经济、社会可持续发展模式，应以环境与自然生态资源为基础，将经济与社会发展同环境承载能力相协调，其本质是以提高人类生活质量为目标，同社会进步相适应。

3.2.1 可持续发展模式的影响因素

可持续发展是经济、社会、生态环境的长期协调发展。根据1980年国际自然保护同盟制定发布的《世界自然保护大纲》所提出的概念，可持续发展是指能动地调控环境-经济-社会复合系统，使人类在不超越自然资源与环境承载能力的情况下，促进经济发展、保护资源永续利用和提高人民生活水平。既满足当代人的需求，又不危及后代需要；既满足一个地区、一个国家的人群需要，又不损害别的地区或国家的人群利益。这一基本概念表明，完整意义的可持续发展应当是可持续经济、可持续生态和可持续社会三个方面的统一。

洞庭湖湿地环境资源的有限性和生态系统的先天脆弱性，使得洞庭湖流域经济的可持续发展必须以洞庭湖湿地的环境容量和环境承载力为基础，以湿地环境保护为必要条件，在环境约束下实现经济增长。因此，洞庭湖湿地的可持续发展模式可以理解为：在一定时空范围内，在洞庭湖流域生态环境的可承载范围内，形成具鲜明特点的区域生态、经济、社会的和谐发展方式。经济发展对环境资源的需求具有无限性，尤其在洞庭湖湿地部分区域经济发展水平不高、对环境资源要素投入依赖度较大的客观情况下，有限资源和无限需求之间的矛盾表现得更为突出。在湿地生态、经济、社会共同构成的复杂动态开放性系统中，生态、经济、社会各子系统之间应是辩证统一、协调发展的关系。环境为经济发展提供必要的物质原料，经济发展反过来主导环境变迁。在这个系统中，湖区经济的可持续发展是基础，湿地环境的可持续发展是条件，社会的可持续发展才是最主要目的。

可持续发展是一个不断探索的过程，其目标和影响因素也随时间、空间条件的动态变化而变化。影响洞庭湖湿地生态经济社会可持续发展模式的因素主要有以下几个方面。

3.2.1.1 湿地生态系统的稳定性和耐受力

生态系统的良性循环可以使生态资源的再生能力满足不断增长的需要，促进经济发展的速度和规模；但当环境受到污染和破坏后，环境资源的枯竭会限制经济发展规模和产业结构调整，使社会受到巨大的经济损失。

3.2.1.2 湖区的经济基础

任何一种模式的形成都需要最原始的资本积累，即经济发展规模和程度受到资金的约束。湖区生态环境保护和改善需要花费一定的投资，湖区经济发展也为湖区环境改善提供必要的物质支持和技术手段。湖区生态环境的改善程度总是同湖区经济发展水平相统一，并且受湖区经济发展水平的制约。

3.2.1.3 湖区经济发展模式

经济增长通过三个渠道影响着环境质量，即规模、技术和结构变化。在生产过程中，要增加产出就需要增加投入，这样就要消耗更多的自然资源，同时产出更多的副产品及污染物，就很大程度上影响了湖区环境质量。特别是在市场经济不太完善的情况下，地方政府的绩效观如果只是片面追求 GDP 增长，就可能导致湖区资源、环境的破坏和湖区经济社会的不协调发展。然而，在正确的经济发展模式指导下，湖区经济结构的转变、湖区资源使用效率的提高、投入构成的变化及生产技术的改进等，会改变湖区经济对稀缺生态资源的需求状况。

3.2.1.4 湖区技术发展水平

技术不仅支撑经济和社会的发展，而且也是湖区生态环境维护与改善的重要物质基础。污染治理技术、废物利用技术和清洁生产等先进适用技术的研发能力和应用情况，将直接影响对湖区环境和生态的保护。

3.2.1.5 市场对湖区生态环境价值的认可程度

市场对湖区生态环境价值的认可程度影响着对湖区生态资源的利用和保护。传统价值观认为，没有劳动参与的东西没有价值，不能进行市场交易的东西没有价值，环境资源既没有劳动参与，也不能进行市场交易。但随着人们环境意识的增强和生态资源稀缺程度的增加，经济发展会强化市场机制的作用，通过市场上价格信号的波动，使得生态资源的市场价值得到肯定，从而使生态环境市场失灵，所引起的外部效应得到一定矫正。

3.2.1.6 湖区政府的引导

作为市场的有益补充，政府要发挥主动性，克服市场的短视性、盲目性，兼顾生态和经济发展的眼前利益与长远需要，科学制定评估体系，运用宏观经济政策、行政干预手段和法律法规手段，如征资源环境税、发放可交易的排污许可证等措施，来保护湖区环境、发展经济。

3.2.1.7 环保立法和执行情况

人是生态经济社会系统的建设者和维护者，同时也是生态平衡的破坏者。作为生态环境保护中最活跃的因素，人们的环保意识和对相关环保法律、法规的立法和执行情况可直接影响湖区生态环境质量，进而影响湖区经济社会的发展。

3.2.2 可持续发展模式的设计

3.2.2.1 洞庭湖湿地可持续发展模式的政策基础

（1）可持续发展战略

早在 1996 年通过的《中华人民共和国国民经济和社会发展“九五”计划和 2010 年远景目标纲要》中，就正式把可持续发展确定为国家发展战略。从 1997 年开始，中央每年召开人口、资源与环境工作专题座谈会，可持续发展战略日益受到重视，并体现在各级规划计划中，全国各地都积极推进可持续发展战略的实施。

（2）污染物总量控制制度

国家环境管理部门从“九五”期间开始，在对过去主要以浓度标准为依据的环境制度进一步完善的基础上，在全国范围内执行主要污染物排放总量控制计划，我国环境管理力度逐步加大。

（3）《中华人民共和国清洁生产促进法》的出台

《中华人民共和国清洁生产促进法》于 2003 年 1 月 1 日起施行，这标志着我国的清洁生产促进工作走上了法制化轨道。与“先污染后治理”的末端治理相比，清洁生产关注的是污染物源头控制和生产与消费的控制过程，努力实现污染物产生减量化和最小化，从而实现资源有效利用，这与可持续发展的要求是完全一致的。

3.2.2.2 洞庭湖湿地可持续发展模式的设计原则

（1）发展性原则

可持续发展的中心是发展，贫穷和落后不可能达到可持续发展。目前洞庭湖流域经济发展不平衡决定了发展的必要性和紧迫性。面对湿地脆弱的生态系统，单纯的保护是不现实的。把发展放到首位，通过发展实现环境保护与经济发展的动态协调，才能在保证洞庭湖湿地现有环境资源永续利用的前提下，实现经济发展与生态环境优化的良性循环，最终达到洞庭湖全面可持续发展。

（2）持续性原则

水资源是湿地赖以发展的最为重要资源，但水资源的再生具有相对性，当湖内水体所受到的污染大于其环境容量和承载能力，导致水体丧失自净能力时，此时的保护和治理，不仅成本高昂，而且收效甚微。持续性原则要求把经济发展对水体的污染和破坏控制在环境资源的承载范围内，以有效维持自然生态系统对经济社会发展的持久支撑能力。

（3）适宜性原则

可持续发展模式应与特定的资源和环境约束条件相适宜，并且与当地社会经济发展相符合。工业化是促进经济发展的重要选择，但是工业对资源的依赖性较强，对环境的污染相对于其他产业更为严重，因此需要在适宜性原则指导下，结合湖区环境承载能力，谋求合适的湖区工业化模式和产业结构，尽可能避免生产投入对湖区生态系统产生不良影响，不仅要维持湖区生态系统物质与能量的动态平衡，而且要促进湖区经济社会的稳步发展。

（4）动态性原则

可持续发展模式不是一成不变的，应与生态资源承载能力保持一致，人类技术的进步可提升环境资源承载力。随着湖区经济发展和政府相关政策的实施，以及湖区生态环境的变化，洞庭湖湿地可持续发展模式也可灵活多变。人类作为洞庭湖流域经济、社会和环境系统中最主要的参与者，需要根据动态性原则不断调整自己的生活方式，在生态允许范围内确定自己的消耗日标。

3.2.3 基于自适应控制的可持续发展模式

在人口与经济快速发展的形势下，如何能在洞庭湖生态环境保护与资源持续利用之间，寻求一个合理代价与适度承载力的动态平衡点，而且根据湖区自然生态资源与环境的实际承载能力，来协调湖区社会经济的发展速度，已成为湖区经济社会发展过程中的难题。

人类经济社会发展都是以生态环境作为物质基础的。如果人类对自然资源大量索取，持续污染环境，使生态环境恶化，人的最终愿望也不可能实现。幸运的是，自然生态系统是客观存在的，其运行具有规律性，在一定的社会发展阶段和科技发展水平下，人类对自然生态系统发展规律具有一定的认知程度和驾驭能力。人类可以通过掌握其特性，进而有效调节和控制生态经济的运行过程，这一过程也正是人类遵循生态规律发展的内在要求。湖区自然生态系统的可控性特征，使得人们有了对该系统进行宏观和微观管理的重要依据。为了实现洞庭湖湿地生态经济与社会的可持续发展，可以借鉴自适应控制理论的观点和方法，利用系统反馈机制，探索洞庭湖流域自适应控制成长模式，使由生态、经济、社会共同构成的湖区大系统，能根据人类活动及自身变化自动调节其稳定性，把人类经济活动引入湖区生态经济平衡、社会协调发展的良性循环，从而达到整个洞庭湖生态经济社会的协调发展。

3.2.3.1 自适应控制的理论基础和设计目标

自适应控制是一种最优控制，它能够根据被控对象的输出状态而自动对系统进行调节，使系统时刻处于最佳状态。自适应系统能及时辨识出被控对象当前状态的信息，将所测得指标与规定指标相比较，由自适应机制来修正可调节参数，以保证系统性能指标达到或接近于规定指标。理想状态下，良好的自适应系统能在内外部条件发生变化时，自发地作出反应，通过调整来适应新的环境。自然界中很多生物在进化过程中都不同程度地发展了这种能力，没有外界干扰的天然湿地也具备这种特征。

基于自适应控制模式的洞庭湖湿地可持续发展模式的设计须明确一定的生态资源条件，洞庭湖可持续发展必须限制在此约束条件下。具体地说就是要明确洞庭湖水体水资源对污染的承载能力，实现湖区经济社会发展总量与水体承载能力的平衡。通过适当的经济手段、技术措施和政府干预等方法进行调节和治理，形成长期有效的利益驱动机制，引导湖区企业主动采用清洁生产工艺来推动生产方式的改革，引导湖区居民自觉采用环保的生活方式来推动生活方式的改革，在生态环境的承载范围内保证湖区经济社会发展。

3.2.3.2 自适应控制机制构成

在自适应控制理念的基础上，把整个洞庭湖湿地的生态经济社会系统作为被控制对象，洞庭湖生态、经济、社会活动的主要参与者，包括湖区居民、旅游者、企事业单位、政府和其他机构等，将对湿地生态系统的破坏看作系统的外部影响因素。该机制通过测定湖区生态、经济、社会系统输出值的相关指标，与事前设定的规定指标进行比对评价，及时发现不协调因素，由决策机构结合洞庭湖水质具体数据调用机制中的政策或措施，从而形成一个能调节洞庭湖湿地生态经济社会协调发展的自适应控制机制（图 3-1）。

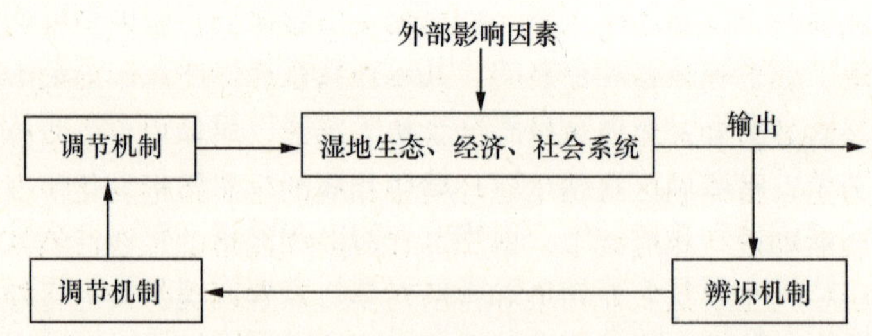

图 3-1 湿地生态、经济、社会可持续发展的自适应控制机制

该自适应机制的基本控制目标是，通过控制系统将洞庭湖湿地经济社会的发展限制在资源、生态环境承载力阈值之内，使人们生产生活所产生的污染物排放速度和数量不超过环境的自净能力，并在人类活动导致湖区生态经济发展不协调时，能采取相应措施，让湖区生态系统恢复协调、稳定、持续发展的状态。其主要组成部分为：

①辨识机制：由负责洞庭湖湿地生态环境监测和保护的设备、技术和人员组成。通过辨识机制，获取湿地水资源和生态环境实时监测的数据，并与期望

指标进行比对，了解洞庭湖动态变化信息，作为决策和调节的基础。

②决策机制：决策机构为洞庭湖湿地管理水资源的政府部门或其他能代表国家利益的决策团体，调用或修正调节机制中的相关政策或措施，该机制称为决策机制。

③调节机制：与环境综合治理相关的政策法规、科技手段等。从洞庭湖湿地生态、经济、社会可持续发展自适应控制系统的构成内容上看，其应有“硬件”和“软件”两部分。“硬件”是指物质基础，是湖区决策机构所拥有并可以调配的财力、物力和人力资源，如资金、设备、技术、人员等，其中关键性资源的丰富程度与该自适应机制的控制能力大小密切相关。“软件”主要指为保证湖区生态、经济、社会可持续发展所需要的各种相关政策及法律法规支持。

3.2.3.3 自适应控制机制辨识指标的选定

洞庭湖湿地生态经济社会系统是一个多因素、多层次、多功能、多目标的复杂系统，虽然人们可以利用不断进步的科学技术手段及不断壮大的经济社会力量去保护、改善和建设湖区生态系统，但湿地自然生态系统对外界影响的变化具有一定的滞后性。这也就意味着在自适应控制机制中由输入变化引起响应的输出变化过程具有一定的滞后性，因此对指标的选择尤为重要。

考虑到洞庭湖湿地生态、经济、社会的可持续发展必须要控制在生态承载力范围之内，而环境承载力又是实施污染物排放总量控制的前提，那么通过湖区的环境影响评价，把单个污染源排放量纳入总量控制，对湿地区域内各污染源控制分担率、处理率作出合理分配，并采取污染物综合集中处理的措施，才能获得湖区经济效益和环境协调统一的效果。因此，对输出值中指标选择应以生态类指标为主，根据湖区自然生态环境中相应的生态指标变化情况，对居民的经济和社会活动进行相应调节。例如，在洞庭湖湿地的工业污染基本被控制后，接下来湿地内主要是农业污染和生活污染。对这两类污染进行控制，可以通过对系统输出值的测定来实现，其接近阈值的水平则要进行成本收益计算，或从社会发展的角度考虑，人口增加带来的环境成本和负担可否被收益补充。如果不能则需要政府或相关决策部门调节系统的输入变量，例如通过经济或行政手段引导实施产业结构调整、限制人口增长等举措。如果产业发展带来的经济收益能较好地抵偿治污成本，那么也需要通过政府相应的经济手段，将单位或个人的原外部成本转化为内部成本，这部分经济收入用于对湖区环境资源的破坏和污染作出补偿、恢复，以维持湖区环境资源的可持续利用，使湖区经济发展与污染治理同步。因此，通过对系统输出值的监控，运用环境资源价格政策及相应制度等经济手段进行调控，个人、企业、政府将各自承担相应的环境责任，最终引导其产生自觉行为，主动适应湖区环境资源的发展要求。与此同时，对于已经超过水资源的污染承载能力的状况，首先必须要有足够的财力支持治污，使之回归到有限的承载能力阈值范围内，再运用可持续发展模式。

3.2.3.4 湿地自适应控制机制的运行保障措施

为使洞庭湖湿地环境保护和经济社会发展达到和谐，就要落实科学发展观，坚持湖区环境保护和经济发展并重，建立政府主导、企业治污、污染者负担和市场化运营的保障措施。

（1）保护措施

洞庭湖湿地首先必须要有统一的治理和保护机构，其能行使代表国家管理的职能。而目前洞庭湖湿地面临分散管理的问题，三个保护区规划面积可能出现了重复，或超出了范围，权责不清、边界模糊的现象不利于保护。为避免多头指挥，建立统一管理和独立行政的环境保护机构，有利于提高洞庭湖湿地环境保护和经济社会发展系统的运行效率。

（2）发展措施

可持续发展的最终目的是发展，发展可推动保护。洞庭湖湿地要根据湖区经济发展水平和水资源污染现状，在保护湖区生态的基础上，积极进行湖区产业结构调整，促进湖区经济发展。在第一产业中，应以对湖区环境污染小、土地和水资源利用率高作为产业选择的基本标准，降低第一产业的比例可从源头上控制对洞庭湖的面源污染。在第二产业的发展中，应依托洞庭湖的自然资源优势，选择技术含量高、附加值高、自然资源消耗低和环境污染小的项目。第二产业的发展对资源和环境的消耗最大，其比例不宜过高，但比例过低又不利于湖区社会经济的总体发展及第三产业的发展。第三产业总体上污染小、消耗小，其产业选择可适当放宽范围，可主要根据湖区经济发展水平和自然要素来进行选择。

（3）转移与补偿措施

充分体现政府在洞庭湖经济可持续发展中的主导作用，从宏观调控的角度，对湖区发展中的责、权、利给予政策上的引导和协调。例如，确立公平合理的补偿制度，对湿地生态修复过程中的利益受损者进行补偿，积极建设环湖小城镇或鼓励人口转移，减小湖区人口压力。

（4）市场配置措施

市场是有效配置资源的重要手段。理论上讲，湖区环境资源的稀缺及由此带来的高价会使湖区环境资源流向利用效率较高的部门，从而实现优胜劣汰。要运用市场手段就必须建立环境资源的定价体系，使对洞庭湖水资源及其相关环境要素的开发、利用、保护和补偿都能纳入市场经济运行体系，并能正确反映其价值，同时通过价格政策使湖区环境污染的外部成本内部化。

（5）法制和监督措施

洞庭湖环境保护需要有效的法制和监督。建立和完善各环保法律法规体系，做到有法可依，在依法行政的前提下，加大执法力度。加强执法监督和舆论监督，实行部门监督与社会监督相结合、内部监督与外部监督相结合。通过对湖区环境资源产权与使用权的明晰和分离，实现“谁保护谁受益，谁污染谁治理”的合理制度。

湖区居民的一切经济活动都是在生态环境系统中进行的，经济社会对湖区生态环境的巨大压力和湖区生态环境对经济发展的严重制约，是洞庭湖可持续发展道路上的主要障碍。单纯从技术或者经济的角度进行分析，很难得出令人信服的正确结论，需要把人、自然、环境、生态、资源、经济、社会等要素融合在一起，从系统理论的角度进行探索和解析。通过上述控制机制的设计和评价指标的选定，获取系统发展状态的动态特性，从企业行为和政府行为进行分析，才能明确湖区开发中产生的生态环境问题与经济社会发展之间的直接关系，发挥公民的参与作用，让市场机制这只“看不见的手”与政府干预这只“看得见的手”紧密结合起来，实现洞庭湖湿地的生态、经济和社会的协调发展。

04

洞庭湖湿地
生态系统服务功能的保障
——生态补偿

4.1 生态系统服务功能与生态补偿的关系

生态系统服务价值化是确定生态补偿标准的基础和依据，生态补偿是维护生态系统正常运转的根本保证。生态系统服务功能与生态补偿具有各自的属性特征，特征之间相互影响、相互制约、相互促进，建立了复杂的相关关系。

4.1.1 生态系统服务功能的特征

4.1.1.1 服务过程的不可逆性

生态系统具有自我调节功能，在不受剧烈破坏的影响下，其服务功能尤其是生物资源的服务功能可以视为可更新资源。但是，生态系统资源的总储存量不会递增，并且由于庞大的系统性和复杂性，自身调节速度缓慢。随着人类对生态系统超强度地、持续地、破坏性地开发和利用，生态系统的自身调节速度远远滞后于人类的改造、破坏速度，生态系统的资源总储存量出现不可逆转性的迅速下降，当下降到一定阈值时，将会导致生态系统资源耗竭和物种灭绝，最终导致对人类及生命系统服务功能的丧失。所以，生态系统的服务功能具有不可逆性。

4.1.1.2 服务内容的不可替代性

生态系统可以提供生态服务，生态服务功能是人类赖以生存和发展的基础，人类活动可以影响但不能替代它。其次，生态系统结构具有不可复制性和不可替代性。生态系统在长期的发展过程中，形成了符合系统功能的结构，这种结构服从于自然力的作用，人类能破坏它，但没有能力对它进行复制和再生。即使将来能大量复制生物种类，然而物种之间的关系以及由此而生的群体结构是不能还原的。另外，生态系统资源同样具有不可替代性，这与矿产资源的可替代性具有本质区别。

4.1.1.3 服务价值的外部性

不经过市场交易环节，某经济主体活动受到其他经济主体活动的影响，从中获取的那部分额外效益称为外部经济。例如森林生态系统能给社会带来多种服务，如涵养水源、保持水土、固定 CO_2、保护野生生物等，它提供的服务属于典型的外部经济效益。相对于私人物品，生态系统服务明显具有外部性，一是资源超强度开发导致生态系统破坏形成外部成本，二是生态系统保护产生外部效益。生态系统服务的价值主要表现在其作为生命支持系统的外部价值上，而不是表现在内部经济价值上。

4.1.1.4 服务行为的非市场性

公共商品是指不通过市场经济机构即市场交换用以满足公共需求的产品或服务，包括两个特征，一是非涉他性，一个人消费该商品时不影响另一个人的消费；二是非排他性，没有理由排除一些人消费这些商品。私有商品都可以在市场交换，并有市场价格和市场价值，但公共商品没有进行市场交换，也没有市场价格和市场价值。据此，生态系统服务是一种重要的公共商品，并没有进入市场，不是一种市场行为，难以进行估价。

4.1.1.5 服务资本的社会性

社会资本是在人际合作性互动中形成和积累起来的，能够产生收入流的一类资源，与物质资本、金融资本、人力资本一样，是经济与社会发展不可或缺且可以增加收益的资源。不同的是，社会资本具有社会性和外部性，作为公共物品不属于个人所有。生态系统提供的服务具有社会性和外部性，有益于区域，甚至有益于全球全人类，绝不是对于某个私人而言的。如森林生态系统的固碳作用能抑制全球温室效应。因此，生态系统可以被视为社会资本。

4.1.1.6 服务空间的连续性和差异性

生态系统是一个连续的资源系统，空间上难以分割，表现出共有性质。所以，生态系统的服务功能同样具有连续性。其权属表现形式可以分为全球共有（太阳、大气等）、多国共有、国家所有和地区所有四个层次。实现不同层次内生态系统服务的共有性质与私有制为基础的传统市场制度相背离，空间连续性带来的产权不明晰是造成生态系统资源市场外部性的原因之一。另外，生态条件具有空间差异性，特定空间特征也影响着生态系统服务的发挥和实现。

4. 1. 2 生态补偿的特性

4. 1. 2. 1 补偿要素的片面性

生态系统服务功能是系统导向，具有复杂性和系统性特征，而生态补偿为要素导向，具有简单性和单要素特征。生态补偿要解决的问题是系统问题，解决方式却是对生态要素进行补偿。传统的系统理论认为，生态系统是一个巨系统，系统整体的服务功能要远远大于各子系统服务功能之和，所以各生态子系统受到破坏而降低的生态服务功能之和并不能弥补生态系统降低的综合服务功能。目前实施的资金补偿、政策补偿、实物补偿、智力补偿等种种方式都是面向生态重点要素的补偿，具有较大的片面性。

4. 1. 2. 2 补偿范围的局限性

依据生态服务功能“全球共有、多国共有、国家所有和地区所有”的权属表现形式，生态补偿至少可以分为全球性补偿、国家间补偿、地区间补偿和地区内补偿。全球性补偿、国家间补偿目标的实现为期尚早，国内生态补偿已经开始实施，但投资方式主要为国家投资，缺乏市场机制和多渠道融资途径，补偿资金来源单一，生态服务效益补偿所需的巨额资金无法落实，补偿数量和年限不足，补偿物资得不到有效分配和利用。这些问题都限制了生态补偿的区域和要素范围。

4. 1. 2. 3 补偿时序的滞后性

虽然有人提出生态补偿除了对生态环境负面影响进行补偿之外，也包括对环境正面效益的补偿，但从人类社会对生态系统开发利用的发展历程来看，目前的生态补偿主体仍旧是遭受破坏的生态环境，这种补偿是在生态系统遭受破坏之后，为了弥补生态系统对人类及生命系统日趋下降的服务功能而实施的补偿，即“先破坏，后补偿”，具有显著滞后性。生态系统的修复本身具有时效性和边际效用，这种补偿所付出的代价和取得的效果值得商榷。

4. 1. 2. 4 补偿方式的表层性

生态系统的自身调节与修复功能会随着系统破坏程度的增大而降低，当降低到系统所能承受的最低阈值时，其损害将会由表层的量变转变为结构性的质变。生态系统服务功能具有不可替代性，人类活动可以影响但不能改变其结构。生态补偿是一个系统工程，虽然多样化的补偿方式大大增强了补偿的适应性、灵活性和弹性，进而增强了补偿的针对性和有效性，但是基于要素导向的政策补偿、实物补偿、资金补偿、技术补偿等补偿方式只是流于表层，并不能触及生态系统结构性修复，这就好比修建医院虽然能够医治癌症病人，但并不能灭绝癌症一样。

4.1.2.5 补偿效果的短期性

生态系统破坏的系统性和长期性决定了生态补偿的持续性和长期性。首先，生态补偿存在显著的边际效用。在生态系统破坏较为严重的状态下，人类补偿的欲望最大，因而增加某一单位生态要素的补偿时，生态系统得以修复的效果也最大。随着补偿的延续和增加，人类补偿的欲望和生态补偿所取得的效果会产生“负效用”。其次，相对于生态系统的系统性修复过程而言，生态补偿的要素性补偿过程同样存在短期性。

4.1.3 生态系统服务功能与生态补偿之间的关系

4.1.3.1 生态系统服务功能和生态补偿是矛盾的统一体

从生态系统整体来看，生态系统服务功能发挥与生态补偿过程，可以看作生态系统自身的调节过程，二者是生态系统的内部矛盾。从系统内部来看，人类社会受益于生态系统服务功能，又对生态系统实施生态补偿。可见，生态系统服务功能和生态补偿本质上互相促进、相互制约，是矛盾的统一体。

4.1.3.2 生态系统服务功能是生态补偿的产生基础

生态系统可以分为全球生态系统和区域生态系统。在全球生态系统角度，生态系统的服务功能与生态补偿是一种因果关系。没有经过人类改造的全球生态系统具有完整和稳定的整体结构，它本身具有足够的调节能力去完成自身发展和个体的生存、选择和进化，太阳能是对其进行生态补偿的唯一和稳定的途径。经历了人类改造之后，生态系统结构的完整性和稳定性受到破坏，单靠定量太阳能补偿已经不能维持生态系统正常的服务功能，所以人类必须进行生态补偿。在区域生态系统角度，系统间物质和能量的流动性，以及对要素系统的破坏（如不可再生资源的枯竭），造成了个体间享受生态服务功能的不公平性，所以受益个体必须对非受益个体进行生态补偿。

4.1.3.3 生态补偿是完善生态系统服务功能的根本保证

生态补偿的质和量制约着生态系统修复和完善的程度。首先，生态补偿是保护和恢复生态系统服务功能的根本保证。受到破坏的生态系统得不到有效的生态补偿，其自我调节能力会在系统内部抽取能量进行补偿，因此生态系统总能量迅速下降，最终导致对人类及生命系统服务功能的耗竭。其次，生态补偿是保护和恢复生态系统服务功能的有效手段。生态补偿方式、补偿类型的多样性和灵活性，以及补偿群体的广泛性，可以有效地阻止生态系统服务功能的降低，使生态系统向良性方向发展。再次，科学合理的生态补偿机制的建立和实施是解决当前复杂生态问题的良药，可以规范和约束人类开发建设的行为，保障动态的正负经济性平衡。

4.1.3.4 生态系统服务功能价值评估是生态补偿的根本依据

根据功能和利用状况，生态系统服务价值可以分为直接利用价值、间接使用价值、选择价值、存在价值，其价值量决定着生态补偿的投入量。生态系统服务功能的价值评估取决于两个方面。第一，生态系统资源和物种具有稀缺性、不可逆性、不可复制性、不可替代性，造就了个体价值。第二，生态系统首先是有价值存在的结构单元，其结构性造就了整体性和稳定性，使系统整体价值远大于个体价值之和。同时，生态系统还是有价值存在的性能单元，生态系统的性能对个体生命来说也至关重要，个体只对自己或同类的生存与延续负责，而生态系统则护卫其中的任一个体并促进新的有机体产生，必须明确生态系统存在着显著的整体价值。

4.2 洞庭湖湿地生态补偿制度的建立

目前，洞庭湖湿地生态服务功能削弱的主要原因是由于湿地不断退化，湿地退化直接威胁着湿地生态系统的稳定，进而导致生态系统结构改变和特有生态功能减弱甚至丧失。洞庭湖湿地退化主要表现为：湿地面积急剧减少、湿地质量下降、湿地生物多样性减少、湿地生物量下降、湿地物种数量下降等。要保护好洞庭湖湿地生态服务功能，必须加强对洞庭湖湿地保护和恢复的研究，制定相应的保护措施，坚持可持续性发展的原则，在保护湿地的前提下，对洞庭湖湿地进行合理开发和利用。对采取生态保护措施并取得明显成效的经营者来说，可减免其税费并给予补贴、奖励或提供优惠贷款；对破坏生态环境的行为加大罚款力度，运用政府调控与市场化运作的方式，让过度开发、利用、破坏洞庭湖资源者支付成倍的生态环境补偿费，同时合理构建洞庭湖生态补偿制度。

4.2.1 建立洞庭湖生态补偿制度的必要性

洞庭湖生态补偿制度的建立，能为湿地保护与发展提供资金，是洞庭湖湿地生态服务功能可持续发展的基础；同时，也能够促进我国公共财政职能的进一步完善和有效发挥。各级政府是洞庭湖湿地保护和发展的监管部门，既需要政府在建立补偿制度方面发挥主体作用，又必须对其行为进行法律约束。因此，可以从提供资金保障和深化公共财政内涵等两个方面来分析建立洞庭湖生态补偿制度的必要性。

4.2.1.1 保护与恢复洞庭湖的资金保障

洞庭湖湿地与我国众多湿地有着共同的命运，其生态系统服务功能受到严重威胁，主要表现为湿地面积急剧缩减、湿地物种锐减、湿地污染加剧、水资源利用不合理、泥沙淤积日益严重等。具体来说，这些特征主要集中于五个方面：①洞庭湖的随意开垦和占用。将湿地转化为建设用地，使湿地面积急剧减少，因而严重破坏了湿地生态系统。尤其对于东洞庭湖、西洞庭湖和南洞庭湖这样具有国际意义的重要湿地保护区，这种行为严重破坏了原生湿地生态系统。②洞庭湖生物资源过度利用。重要的天然经济鱼类资源受到很大破坏，严重影响洞庭湖的生态平衡，威胁着其他水生物种的安全。③洞庭湖水资源的不合理使用。一些水利工程的修建，挖沟排水，导致洞庭湖水文发生变化，面积不断萎缩。④洞庭湖水体污染。大量使用化肥、农药、除草剂等化学产品，影响到洞庭湖的水体质量。⑤洞庭湖生态系统功能衰退。由于流域上游的森林砍伐影响了流域生态系统的平衡，使入湖泥沙含量增大，造成河床、湖底淤积，使得洞庭湖面积不断减少，功能衰退。大量事实证明，洞庭湖湿地生态服务功能正在受到来自生产和生活各个方面的威胁。这必然要求建立相关制度对上述行为予以规范，长期、稳定地在湖区范围内进行洞庭湖的保护和恢复，而这种保护和恢复必须以资金为支撑，建立价值补偿制度，即生态效益补偿制度，从制度层面实现洞庭湖的保护和可持续发展。

4.2.1.2 深化公共财政内涵

建立洞庭湖生态效益补偿制度是解决洞庭湖保护资金来源的重要渠道，也是公共财政的要求。洞庭湖生态系统具有保护水源、净化水质、蓄洪防旱、调节气候和维护生物多样性等重要服务功能。洞庭湖湿地的保护目前经费紧张，保护区往往面临资金不足的情况，许多保护区日常工作经费得不到充分、及时的保障，导致保护区管理力量不足、队伍不稳、设备落后、科研经费短缺，严重影响着洞庭湖湿地保护的正常工作。因此，建立生态效益补偿制度，能为洞庭湖湿地的保护和恢复提供重要的资金支持。洞庭湖生态服务功能的效益和价值不能通过市场有效地实现，应当依靠政府的公共财政支持，以保障其有序管理和利用。作为财政资金有限的发展中国家，必然要求为政府提供衡量洞庭湖公共产品价值的依据，由政府主导建立洞庭湖生态效益补偿制度，如制定公共财政的洞庭湖税费制度，以保障资金供给。

4.2.2 洞庭湖生态补偿机制构建方案

4.2.2.1 补偿责任的确定——补偿主体与补偿客体

首先，对生态环境建设作出贡献者当然是补偿的主要对象。然而，由于政府财力、精力有限，完全依靠政府提供生态建设这种公共物品不现实，因此，政府作为管理者应该对从事生态环境建设的单个经济主体进行补偿，通过给予奖励、补贴或优惠措施，激励他们的积极性。其次，生态环境问题中的受害者也应得到补偿，包括生态环境破坏中的受害者和环境治理中的受害者，这符合一般的经济原则和伦理原则。对于环境污染和生态破坏的受害者，一般由政府制定政策予以赔偿，或由污染者或破坏者直接承担赔偿责任。生态补偿的范围很宽，要针对不同情况设计不同制度。

（1）补偿主体——谁来补偿

补偿主体即湿地生态效益补偿工作的主导者，为国务院及地方各级湿地保护行政主管部门。政府作为环境资源管理者和生态建设组织者，能发挥调剂余缺、协调不同利益群体关系、稳定社会秩序的功能。由于企业作为主要补偿主体时面临诸多局限性和困难，因此，政府应成为生态补偿的主体。补偿主体承担两方面的工作：一是对由于污染、利用、开发湿地资源而造成湿地生态系统破坏的单位和个人，应征收补偿金或要求其以实物方式予以补偿；二是对传统权益受影响方以及湿地保护者给予相应补偿。政府作为生态补偿的中介，具有公共事务委托代理人的身份：首先，生态功能的补偿需要政府组织。生态环境已经成为了一种短缺的生产要素，必须对其进行大量投资，以提高生态环境供给能力，而生态保护投资在现有经济体制下是没有微观收益的，湿地生态服务的保护和建设需要政府组织补偿。其次，生态服务的补偿需要政府调控。由于生态环境是一种公共资源，只能通过政府干预来完成。另外，生态保护本身具有公益性和综合性特征，在施行过程中一般以政府作为生态补偿的公共主体，但是政府为主体的生态补偿机制存在诸多缺陷，会出现政府失灵的状况，因此真正实现环境公平和共同富裕，必须完善生态补偿机制，引入市场机制，实现生态补偿市场化。生态补偿市场机制是一种以市场交易为主要手段的补偿方式，补偿主体是微观经济主体，这种微观主体包括企业和居民。

1）补偿主体的确定标准

洞庭湖区补偿主体指主要责任人或“付费人”的根本问题，即交付资金、实施补偿活动的组织机构。过去关注的是洞庭湖湿地生态，补偿主体应以国家为主，以损坏、危害环境的组织或个人等为辅。但是，根据当前我们考察调研的实际情况，洞庭湖区生态补偿主体的确定可以参考以下四个标准：

a. 破坏生态环境会产生负外部性，因此，破坏者应该支付相应费用，所以环境污染者、生态破坏者应该是补偿主体。

b. 根据受益者补偿的原则，洞庭湖生态环境建设的受益者应该是补偿主体。生态资源的效益具有扩散性（经济外部性），环境质量恶化会使许多人受害，环境质量改善会使许多人受益。因此，生态环境质量改善的受益者应该支付相应费用。

c. 根据公平性原则，资源开发利用者应该是补偿主体。洞庭湖生态资源是大自然赐予人类共有的财富，所有人都有平等利用生态资源的机会。一个人对生态资源的利用不能损害他人利益，否则就应该给受损害者相应的补偿。

d. 针对由于社会经济状况和特殊历史原因难以确定补偿主体、补偿主体没有支付能力、对历史欠账的补偿等情况，政府则成为补偿主体。这是因为政府是生态资源的管理者和生态建设的组织者，既能发挥调剂余缺、协调不同利益群体关系、稳定社会秩序的功能，又能有效克服其他补偿主体面临的诸多局限性和困难，所以政府应成为生态补偿主体。

对洞庭湖来说，水是其主要的资源，那么水质好坏和水量多少是主导因子，湿地保护是在水有保证的情况下确定的次主导因子，因此洞庭湖区生态补偿更注重以水质情况确定补偿主体。通常认为，整个洞庭湖区及其上下游都负有保护生态环境和执行生态保护法规的责任，各个功能区在水质上达到要求的应该得到补偿，没有达到要求的成为补偿主体。在上下游之间，下游在上游达到规定水质水量目标的情况下给予补偿，在上游没有达到规定目标，或者造成水污染事故的情况下，上游反过来要对下游给予补偿或赔偿。从行为性质上分，洞庭湖区生态补偿的主体主要包括洞庭湖区受益者和生态破坏者。有学者认为，生态补偿应该是公司（私人）和政府的责任或二者共同承担责任，而不是其中任何一方来承担。也有一些学者认为，生态建设的贡献者和受益者最终都是单个经济主体、部门和个人，作为一定区域公众利益的代表，省级政府和省级以下地方政府理应成为补偿主体。洞庭湖生态效益受益者可向政府缴纳补偿费用，共同委托其所在地区政府购买生态效益（形式上表现为支付洞庭湖区生态补偿金），再由政府负责将补偿金分配给实际为洞庭湖生态保护作出贡献的单位或个人。

2）补偿主体的确定范围

针对洞庭湖生态补偿主客体界定问题，我们于 2010 年暑假期间进行了广泛的实地调研和问卷调查。收回有效问卷 465 份，其中实名问卷 274 份，主要调查对象是当地居民和地方相关部门干部，调查的问题是大家较为关心的国家政策、环境气候变化、社会经济问题、水利工程建设等。调查结果显示，75％的地方干部和当地居民认为国家对洞庭湖水环境治理政策扶持力度不够；92％的居民认为三峡工程对洞庭湖水环境造成了一定的负面影响；85％的居民认为洞庭湖水环境比十年前差了很多；95％的居民认为洞庭湖水环境问题没有得到应有的重视；40％的地方干部和地方居民认为相关法律法规需要完善；87％的居民可以接受在洞庭湖区修建水利工程等。上述结果基本体现出当地居民和地方干部对洞庭湖水环境治理的迫切愿望与支持，也表明洞庭湖地区有良好的全民生态意识，很好的公众参与环保的基础。但是具体到生态补偿问题，对群众来说还比较陌生，一是生态补偿是专业术语，在语境上离群众比较远，二是没有明确对群众进行补偿的主体。对于洞庭湖区，生态补偿的主体应该是谁呢？

a. 国家。洞庭湖是国家重要的湿地资源，同时，洞庭湖区资源也是国家的公共产品，理所当然国家要承担责任。

b. 地方政府。我国《环境保护法》规定："地方各级人民政府，应当对本辖区的环境质量负责，采取措施改善环境质量。"据此可以明确各级地方政府为生态补偿的主体。政府主要包括两级：一是省级政府，二是地市政府。省级政府是指洞庭湖周边的省份，主要是湖南和湖北。地方政府主要是湖南岳阳、常德、益阳三市。

c. 三峡水库。从2009年5月开始，我们对洞庭湖1990年至2009年期间各项水文、水利、环境等资料进行了分析对比，发现从2001年长江三峡运营后，洞庭湖地区生态环境发生了较大变化，主要是缺水严重，导致大量湿地退化成滩涂。因此三峡水库可作为"特殊的补偿主体"。

d. 洞庭湖周边企业。据调查统计，洞庭湖区工业企业有数百个，年排工业废水2亿吨，其中排放COD（代表污染物质相对含量）17万吨、BOD_5（代表有机污染物相对含量）3.7万吨、悬浮物3.7万吨、氨氮0.25万吨。在排污工业中以造纸、化肥行业为主，排放废水总量每年分别达1亿吨和0.57亿吨，分别占湖区排污总量的50%、28.4%。造纸行业年排放的COD和BOD_5分别占湖区排放总量的81.71%和79.13%，表明造纸行业是洞庭湖区的重点污染行业。

e. 湖区种养殖户。洞庭湖区现有耕地69.6万公顷，由于大量施用农药、化肥，农业面源污染十分严重，农药年施用量为1.8万吨，化肥年施用量为169.9万吨，农药、化肥被农作物吸收利用的比例十分有限，大部分随地表水进入了湖泊。

（2）补偿客体——补给谁

湿地生态效益补偿主客体由补偿金征收对象和补偿金发放对象组成。补偿金征收对象包括：在开发利用湿地资源过程中，对湿地生态效益造成破坏的单位和个人；补偿金发放对象，即利益补偿对象，包括在湿地生态保护中作出贡献和牺牲的企业、单位和个人。如洞庭湖退田还湖等湿地生态工程实施中需要搬迁的家庭，或不需要搬迁但其经济受到了损失的利益相关者，都应纳入补偿对象范围。明确洞庭湖区生态补偿的主体与客体，即解决"谁补偿谁"的问题。通常情况下，洞庭湖区生态补偿主体是指因生态环境改善而受益的地区、行业和群体；洞庭湖区生态补偿客体是对洞庭湖生态环境改善作出贡献和牺牲的地区、行业和群体。洞庭湖区生态补偿的原理是基于洞庭湖区内部和上下游之间存在的保护环境投资成本的相互性。由湖区某个功能区和上游独自承担损失显然违背公正性，理想的补偿方式是“谁受益，谁补偿、谁投入”，即由具体受益者依据受益程度对不同程度的贡献者予以针对性补偿，但这种个人对个人的补偿模式成本巨大、计算复杂、针对性不强，甚至根本不能操作。因此，洞庭湖区生态补偿应当是横向补偿和纵向补偿的有机结合。相对洞庭湖区而言，横向补偿是受益主体对湖区的补偿，是主要的补偿方式。但洞庭湖是国家的公共宝贵资源，这方面的补偿应该是以国家为主的公益补偿。对此，在资金来源上应该以纵向为主。由于现阶段我国生态补偿的相关法律制度还不完善，因此对于主体和客体的划分和界定都没有固定的准则，在许多具体问题上存在弊端。分析洞庭湖区生态补偿主体和客体的概念、标准和界定范围，有利于为该区域以后的工作提供依据。

1）补偿客体的确定标准

与补偿主体相对应，洞庭湖区生态补偿客体是指接受补偿的生态客体部分。根据补偿主体，相应的补偿对象包括：

a. 生态问题的受害者、生态治理过程中的受害者。对这些受害者补偿符合一般的经济原则和伦理原则。

b. 生态环境的保护者。保护生态环境，会产生正外部性，因此，保护者应该得到相应的补偿。

c. 资源开发地区。资源开发地区为其他地区提供资源，它们却承受着环境的污染与破坏。

d. 对生态环境建设作出贡献的组织、个人。

生态环境建设也具有明显的正外部性。一般意义上，补偿的实施由补偿主体对补偿对象直接进行，因为补偿作为一种交易的达成，是一种“对价”的支付，是给予可能受到影响的另一方的利益平衡，是交易双方“博弈”的结果。

基于以上分析，洞庭湖区生态补偿客体主要包括两大类，即洞庭湖区生态保护者和减少洞庭湖生态环境破坏行为者。功能区和洞庭湖区上游地区对生态保护作出贡献者和减少生态破坏者，具体包括当地政府、水源保护区从事生态建设和维护的农民，以及由于产业结构调整而受到损失的企业和农民等。此外，水资源污染的受害者也应得到补偿。

2）补偿客体的确定范围

之所以要进行生态补偿，就是要恢复洞庭湖区的生态环境。利用补偿资金，进行生态修复和补偿对洞庭湖生态环境作出贡献的项目或者群体。这些项目和群体包括：

a. 天然湿地保护、退田还湖、退耕还林还草。湿地保护、退田还湖、退耕还林还草项目是从 20 世纪 90 年代就逐步推开，但是直到现在也没有全面覆盖。重点还是湖中湿地生态效益补偿，补偿项目涉及重点湿地保护、营造、抚育和管理。项目实施总体上收到了一些效果，但也存在一些问题：一是补偿范围小；二是补偿标准低；三是保护区农户的生计问题没有解决。

b. 生态移民。在限制开发区域和禁止开发区域，应有计划地实施生态移民，降低人口对生态环境的压力。生态移民新村建设不仅要生活条件齐全，而且要统筹考虑教育、卫生，同时还要创造就业机会和条件，以及从事就业要求的基本技能培训，真正做到让移民“迁得出、稳得下、能发展”。因为这样的生态移民属国家行为，中央财政应负担其全部费用。

c. 自然形成的水土流失。在洞庭湖区，水蚀和风蚀造成的水土流失较为严重，这或成为洞庭湖淤积的根源，对洞庭湖区生态环境造成严重影响，其治理的投资应由中央财政和地方财政全额负担。

d. 科研教育。在限制开发区域和禁止开发区域，为进一步提高生态环境保护水平而进行的观测网络建设和科学研究是非常必要的，同时，使该区域的干部群众增进生态环境保护意识，普及和提高生态环境保护水平，均离不开教育和培训。这些费用支出应列入生态补偿基金全额补偿的内容。

e. 因生态环境保护造成的区域发展机会损失。当洞庭湖某一区域（一般为主体功能保护区）被保护区划定为限制开发区域和禁止开发区域后，尽管其经济资源具有优势，但因生态功能区建设的需要，该区域的经济发展或被限制，或被禁止，由此造成该区域经济发展机会损失，使当地税收和财政收入减少，进而影响该区域经济社会的全面进步，久而久之将拉大与非限制区域和非禁止区域的差距。因此，生态补偿资金应对限制开发区域和禁止开发区域的经济发展机会损失予以补偿，补偿标准为：经权威部门评估认定，该区域非限制、非禁止开发条件下，其影子工业项目所占地方所得税收的 1/2 以上。

此外，还应视限制开发区域和禁止开发区域经济社会发展水平与相邻非限制、非禁止开发区域经济社会发展水平的差距情况，予以一定的间接损失补偿，使其经济社会发展水平不低于相邻非限制、非禁止开发区域。

4.2.2.2 补偿标准

补偿标准确立是生态补偿机制中的一大难点，很多人将其归结为生态环境的功能价值因而难以计量，或环境价值的计算方法不能为以往的经济核算系统所接受。需要指出的是，生态资源所有权属于国家，国家实施生态环境保护的政策和措施，是对生态环境开发利用权进行限制性征收的行政法律行为，生态补偿是基于这一行政行为，而对法人或个人生态资源财产收益权限制的行政补偿制度。因此，补偿标准应该在国家经济发展水平和生态效益需求之间寻求平衡点。补偿标准的确定，应结合我国现有的法律法规情况，发挥法律和制度的整体效用。根据我国现阶段湿地保护管理的目标，着重解决我国湿地保护管理工作中的重点问题。根据对湿地资源破坏和利用行为所具有的差异性，考虑补偿标准在实施过程中的普遍性和可操作性。对于湿地生态系统水资源补偿标准的确定，可参照现有补偿办法；对于造成湿地野生动植物资源破坏补偿标准的确定，可以参照《野生动物保护法》、《野生动物保护条例》等相关规定；而对于造成湿地生态系统服务功能破坏的，则可根据《环境影响评估法》等有关规定，在组织生态影响评估的基础上，确定补偿标准。无论是采用现有的补偿方法，还是建立新的补偿标准，均应由湿地行政主管部门统一制定管理方法，并统一发布。在实践中，湿地生态效益补偿的操作还存在不少难点和问题。

4.2.2.3 补偿方式

湿地生态效益补偿机制应建立国家、地方、区域、行业多层次的补偿系统，实行“政府主导、职场运作、公众参与”的多样化生态补偿模式。由于不同湿地面临的区域环境复杂多样，湿地破坏形式多种多样，除了资金补偿之外，可采取实物补偿、政策补偿、智力补偿等多种补偿形式。

湿地生态效益补偿的具体方式，与其他法律制度、政策、规章的制定是紧密相连的。按照资金的获取来源，主要依靠政府手段、市场手段和市场交易模式三种手段进行补偿。具体方式分述如下：①补偿的政府手段。包括财政政策与重点工程。其中，在财政政策方面，可运用政府财政转移支付制度和专项基金建立制度，例如设立洞庭湖湿地生态效益补偿基金。在重点工程方面，综合国家退田还湖工程和湖南省洞庭湖“4350”恢复工程，做好移民的安置工作。现行的退田还湖生态补偿政策，政府在对移民进行安置时采用的政策主要包括建房补贴、户口、用地、税收等方面，对被确定为移民的，可享受国家移民建房补贴资金和减免有关税费。这些政策在保障移民的基本生活和帮助其恢复生产等方面起到了重要作用，但是与移民损失的利益相比，还有较大差距。据研究人员的调查结果，单退移民利用原有土地继续从事农业生产，但土地已失去安全保障，水利设施建设更不会引起重视，农业生产波动加剧；双退移民若是插镇安置不提供土地，农户将倍感生计困难。②补偿的市场手段。市场化需要清晰地界定湿地环境资源产权，使资源和环境被适度、持续地开发、利用和建设，从而提高资源环境的配置效率。湿地生态效益补偿的资金保障，按其市场手段来讲，主要是生态税费（包括押金制度）政策的建立。生态税费是对生态环境定价，可以通过生态税费制度反映湿地生态环境破坏的外部成本，鼓励将生态环境保护的行为推向市场，利用市场交易模式实现节约资源、保护生态环境的价值。生态税费的根本目的是刺激生态环境保护、减少环境污染和生态破坏的行为，而不是创造收入。税费体制和财政政策结合在一起，可以从根本上改变市场信号，是建立生态经济最有效的手段。与此同时，积极探索湿地环境资源权交易机制，如水权转让、排污权交易机制。建立洞庭湖区域内水污染排放指标有偿分配机制和排污权的“买卖”市场，探索出一条排污指标有偿分配机制和排污权交易的途径，优化水环境资源配置。此外，鼓励公共参与湿地生态补偿机制。建立湿地生态补偿社会捐助办法，成立湿地生态补偿社会捐助机构，接受来自社会的各种捐赠。发行湿地生态补偿彩票，广泛筹措湿地生态效益补偿资金，提高公众对湿地生态补偿的认识。

05

三峡工程对洞庭湖湿地生态系统服务功能的影响

5.1 对洞庭湖湿地生态系统的影响

三峡水利工程是举世瞩目的水利工程，其规模、效益、工程量以及施工难度都堪称世界之最，从 1994 年动工到现在，外界对其运行的利弊和影响一直存在很多争议，对三峡工程的研究也数不胜数。从哲学的角度看三峡工程，人们对它的认识不可能一步到位，即使是在工程全部竣工后，在运行过程中仍然需要长期的实践，遵循“实践—认识—再实践—再认识”的规律，在实践中检验真理。

三峡工程和洞庭湖息息相关的水系联系，使得三峡工程对于洞庭湖的影响非常巨大，工程运行后，水库的调蓄功能，将使原来的江湖关系发生重要变化，也使洞庭湖的水文及水质状况发生一系列改变。如何保证三峡工程建成后能最大限度地发挥其社会、经济及环境效益，实现可持续发展，确保洞庭湖的水环境安全，成为有待解决的重大问题。整体来看，长江三峡工程对洞庭湖生态系统产生了较为深远的影响。

5.1.1 影响的主要方面

5.1.1.1 对洞庭湖水生态系统的影响

（1）对长江入洞庭湖水量的影响

由于上游蓄水，三峡大坝以下长江径流量明显降低。水利部门的资料显示，1990 年至 1998 年长江入湖年平均径流量为 821 亿立方米，而 2006 年 10 月最低时仅 385 亿立方米，不到十年前的一半，直接导致洞庭湖库容减少，从 1996 年最高的近 80 亿立方米降低至 2006 年最低的 7.7 亿立方米。来水量的降低导致换水率降低，洞庭湖水体自净能力明显减弱，洞庭湖污染加剧。2006年惊动全国的岳阳砷污染事件就向我们敲响了警钟。

（2）对长江入洞庭湖泥沙的影响

20世纪90年代，长江入洞庭湖泥沙量年均为11 203万立方米，至2009年减少至6 743万立方米，减幅高达40%。在三峡工程运营后11～20年内，每年输入洞庭湖的泥沙量逐年减少，减幅高达70%。三峡工程运营前，进入洞庭湖的泥沙有70%～80%来自三口洪道尾闾，这部分泥沙颗粒相对较粗，是洞庭湖泥沙淤积的主体。在工程运营后，由于水库的拦截和下游长江干流的冲刷，进入三口洪道的泥沙大大减少，同时泥沙颗粒细化，洞庭湖的泥沙淤积速率显著下降，涵水能力大大降低。

（3）对下游水体理化性质的影响

下游水文站资料显示，自三峡工程运营以来，下游水体变化主要表现为水体盐度增高、水温分层、库中藻类繁殖加剧等。大坝拦水以后会形成面积广阔的水库，与天然河道相比，大大增加了曝晒于太阳下的水面面积。由于三峡地区是我国有名的“火炉”，在炎热气候条件下，库水大量蒸发会导致水体盐度上升。大坝下水流速加大，将吸附在泥沙表面的重金属再次稀释到水体中，加重水体重金属含量背景值。三峡大坝蓄水后，从水库深处泄出的江水水温较蓄水前长江江水夏天表面水温低1 ℃～3 ℃，冬天高1 ℃～1.5 ℃，而从水库顶部附近出口放出的水，全年都比河水水温高。入洞庭湖江水水温也随之变化。大坝在截留沉积物的同时也截留了营养物质，同时由于发电下泄江水，使水体含氧量增加，将水体中氨氮等富营养化成分氧化，在气温较高时，藻类可能会在营养丰富的水库中过度繁殖，十分易于发生富营养化现象。

（4）对洞庭湖水位的影响

每年12月至次年3月，三峡水库增泄流量可提前淹没已干涸的滩地，对水生和沼生植物产生一定影响，但水位不能达到沼泽化草甸的最低部位——苔草草甸，对地势更高的植物群落也不会造成明显影响。然而，适当的水位增高有利于植物鲜体保存以及休眠芽和种子萌发。4月份，洞庭湖水位低于三峡工程运行前的水位值，洲滩裸露增加，不利于沉水植物群落的生长，但有利于苔草的生长和生物量积累。同时，裸露的洲滩有利于短生长期植物如无芒稗、拉拉藤等的萌发和快速生长，使群落的生物多样性增加。5月份三峡水库增泄量较大，使洞庭湖水位发生较大变化，该时期也是湿地植物生物量累积的旺盛期，较大的水位变幅对低程区湿地植物（如苔草）和一年生植物生长产生一定的负面影响，促使这类植物提前开花结果，快速完成生活史。对于高程区植物芦苇而言，一定的地下水位上升可能更有利于刺激植物生长而增加生物量累积。同时，水位上升将有利于沉水植物的生长繁殖。研究发现，沉水植物如马来眼子菜在5月中旬已在水分极度饱和的低程区苔草群落中大面积萌发生长，并在随后的6月初随水位继续上升而取代苔草成为优势种。6～9月，洞庭湖水位随三峡工程增减泄流量引起的变化很小。在汛期，由于绝大部分湿地植物均处于完全淹水状态，水位波动不会对群落产生明显影响。10月、11月三峡水库减泄流量，洞庭湖水位降低。水位的降低使低位洲滩提前露出水面，对低位杂草草甸和苔草草甸上的植物生长有利，且有利于苔草群落向湖心侵移，但会造成一些沉水植物的死亡。芦苇等植物的生物量积累在10月已基本完成，水位变化对其产量影响不大。

5.1.1.2 对生物多样性的影响

三峡大坝改变了下游河道水温、化学特性、流量范围，拦截了泥沙，鱼类迁徙、产卵等受阻，白鳍豚功能性灭绝，中华鲟、江豚等一系列国家一级、二级保护动物数量急剧减少，四大淡水鱼类（草、青、鳙、鲢）生殖期被迫推迟1～2个月，2009年较2008年减产超过5%。三峡工程运行后导致洞庭湖洲滩出露时间和出露面积增大，东方田鼠种群呈现逐季增长，于2003年、2005年、2007年出现三次大规模鼠灾。三峡工程运营后，洞庭湖地区水域面积减少，钉螺密度相对增加，导致血吸虫病感染几率增加。湖洲面积增加迅速，对洞庭湖地区植物多样性及植被演替产生显著影响。洞庭湖水量减少，湖洲面积增加，虉草、苔草等种群数量显著减少，杨树、南荻、芦苇等群落面积增加，洲滩出露面积增加，进而显著提高了杨树的成活率。多种水生植物因为水体温度变化而减少，降低了水体富营养化的自我调节能力。

（1）对候鸟的影响

洞庭湖是我国湿地资源最丰富的地区之一，也是亚洲重要的候鸟越冬地，这里被列为世界湿地和生物多样性保护的热点地区。在被国际湿地公约批准的中国30块"国际重要湿地"中，洞庭湖区就有3块，其比例占到10%，由此足以看出洞庭湖在中国湿地保护中的地位。目前由于洞庭湖水位长期过低，湿地已经在大量退化。2009年10月，世界自然基金会（WWF）长沙办公室项目官员韦宝玉对洞庭湖的部分湖区进行了实地考察。他在接受《北京科技报》采访时表示，由于洞庭湖很多区域出现干旱皲裂，其湿地功能已经完全丧失，再也不是候鸟的天堂。洞庭湖大量湿地提前裸露出水面，很多水草早早就开始生长，这样它们的枯萎期也大大提前，现在很多已经变成了枯黄色。由于一些湿地完全干枯，众多小鱼小虾也失去了生存空间，这将导致以水草和藏匿其中的鱼虾为生的大量北方越冬候鸟在11月中上旬飞来后不愿意在此停留，由于缺乏食物和栖息地，它们最终只能选择离去。

（2）对湿地植被演替的影响

经三峡工程调蓄后，洞庭湖在汛期的最高水位降低，而枯水期的水位较运行前有所提高。极端水位的变化将对洞庭湖湿地植被演替产生重大影响。对于洪水耐受性较差的湿地植物如杨树而言，决定其能否生存的最关键因素是淹没其顶端的水位持续时间的长短，因为湿地植物主要利用暴露于空气中的器官，通过气体传输系统将氧气转运于体内，以供生理代谢的需要。水位淹没后完全隔绝了植物与空气的接触，使植物组织处于缺氧状态，缺氧呼吸将快速消耗掉体内的营养物质，植物最后因碳水化合物消耗过多而致死。典型湿地植物往往通过休眠或体内储存大量氧气，尽可能减少碳水化合物的消耗，从而达到渡过极端洪水胁迫难关的目的。另有研究表明，湿地植物对洪水和干旱胁迫的忍耐力存在明显的负对称关系，也就是说，分布于低程区的植物对洪水胁迫的忍耐力高，但对干旱胁迫的忍耐力低，而分布于高程区的植物则相反，这也是湿地植物沿高程呈带状分布的原因之一。由于杨树没有形成特有的形态和生理特征来适应洪水胁迫，其被淹没后存活的时间相对较短，而苔草、芦苇和虉草由于长期适应洞庭湖水位周期性变化，能忍受 2～3 个月甚至更长时间的水淹胁迫。通过三峡水库对洪峰的削减后，洞庭湖最高水位降低，高位洪水持续时间变短，将有利于高程区植物的生长和繁殖，甚至使一些原来无法存活、耐水淹能力较差的物种入侵新的生境。在东洞庭湖二门闸至四门闸之间，原来在内湖无法存活的杨树，最近几年已被大面积开沟种植并存活至今，这便是很好的明证。杨树为高大乔木，在空间、光照和养分等方面比其他湿地草本植物具有明显的竞争优势，这一物种的入侵将改变原有群落结构和物种组成，进而对湿地土壤结构、水文特征产生明显影响。

5.1.2 主要影响因素

三峡工程对洞庭湖的生态系统产生上述影响，包含以下两方面的因素。

5.1.2.1 直接因素

从直接关联来看，三峡水库对洞庭湖水环境的影响主要是水量的影响。一是三峡水库大量的库容必然影响到长江原有水量的分配，洞庭湖与三峡水库一体相连，必定影响最大；二是泥沙量减少，导致长江河床变宽，城陵矶下泄长江流速变大，加大了洞庭湖流入长江的水量，降低了洞庭湖水位，减少了水域面积，同时也导致了四水入洞庭湖流速加快，从而出现了四水流域在降雨量未明显减少的情况下，水位明显降低的现象；三是三峡水库是一个浩大的旅游工程，据媒体报道，受经济利益诱惑，大量豪华游轮下水，严重污染了三峡水库的水体，直接影响到下游湖泊，其中洞庭湖就是三峡污水的第一个接收站；四是对换水率的影响，洞庭湖属于大型浅水性湖泊，换水频率快，20世纪90年代约为4.7天/次，污染相对较轻，水质指标在I类和II类之间，三峡运营后，水量急剧减少，换水时间猛增至21.4天/次，水体污染程度加剧。

5.1.2.2 **间接因素**

从间接关联来看，由于洞庭湖水量减少，换水率降低，湿地面积减少，生态平衡遭到破坏，湖区农业、渔业生产受到较大影响。一是农业生产问题。以岳阳市为例，从2001年到2009年，渔业产量逐年降低5%～8%，粮食产量一直未见明显增产，虽然部分是退田还湖的原因，但也与洞庭湖缺水有密切关联。在调研中，据沅江、汉寿、南县、汨罗等地农民反映，近五年粮食一直减产。二是渔业生产问题。几乎所有渔民都反映，近三年很少见到5斤以上的大鱼，洞庭湖四大家鱼产量锐减，取而代之的是一些杂食性的小型鱼类如鲫鱼、黄颡鱼（黄鸭叫）等。据不完全统计，洞庭湖地区每年由于渔业减产损失近亿元。三是湿地面积进一步减少，生物多样性降低。由于洞庭湖来水量减少，洞庭湖湿地大面积减少，滩涂大面积增加。仅南洞庭湖一地，2009年就新增滩涂40平方公里，而洞庭湖湖面面积只剩下2 600平方公里，洞庭湖水底植物基本消失，湿地植物也倾向单一优势物种，如芦苇、南荻、蒌蒿等，生物多样性遭到严重破坏。四是生态平衡受到影响。洞庭湖湿地孕育了大量喜湿半喜湿物种，并接纳世界上7个动物区系的候鸟越冬，湿地的减少缩小了物种的生存空间，严重影响到洞庭湖区生态平衡。闻名世界的“东洞庭湖观鸟节”，在2009年也首次出现鸟荒，国家一级保护动物东方白鹳，已从20世纪90年代初的820只减少到现在的100多只。白鹤前景更令人担忧，1997年尚有100多只，1998年只有73只，2000年减少到37只，2001年则只观测到17只，2009年仅仅观测到3只。

需要指出的是，除了三峡对洞庭的直接和间接影响外，还有洞庭湖内部的原因也严重影响到其水生态系统的变化。一是洞庭湖区是我省经济发达地区，工农业较为发达，由于产业结构不合理，湖区污染源较多，特别是造纸业发达，拥有大型造纸厂数家，工业污染严重。二是社会发展和城市化进程加快，绝大多数县级城镇生活污水处理设施建设严重滞后，生活污水都未经处理直接排放，加重了洞庭湖的污染负荷。三是船舶污染也对湖水水质构成严重威胁，长年在东洞庭湖内作业的渔船、挖沙船和过往客船达6 000多艘，几乎都未设置固体废物、生活污水收集装置，压舱废水、动力冷却水中石油含量严重超标，直接排放，污染水体。四是洞庭湖区域内存在监管不严和“违法成本过低”等问题，在保护区内，直接排污、电打鱼、“迷魂网”等现象相当严重。

5.2 对洞庭湖湿地生态系统服务功能价值的影响

三峡水库蓄水对洞庭湖湿地生态系统服务功能的影响，集中表现在不同类型湿地的显露与淹没交替时间发生了变化，即高中位湿地显露时间提早及延长，淹水时间相应推迟及缩短，由此导致湖泊生态系统结构与服务价值发生相应变化。以自然和社会属性而言，洞庭湖湿地生态系统是在江湖水沙长期相互作用下形成的自然综合体，其服务价值取决于人们在现阶段社会经济、技术条件下对湖泊湿地环境资源与人类关系的认识程度。因而，受自然条件及市场经济变化的影响，湿地生态系统服务价值将随之变化。三峡水库拦蓄水后，长江入湖水沙减少，使洞庭湖湿地生态系统结构与服务价值均发生了不同程度的变化。但总体来看，尽管洞庭湖湿地在物质产品生产与供给方面的直接价值比重增加，但其价值仅占服务价值总量的20%，而生态环境调节与维护、文化社会方面的间接价值却始终占总价值量的80%左右，表明湿地在发挥直接经济效益的同时，还发挥着更大的生态效益和社会效益。这就要求人们对湿地生态系统服务价值的认识不仅仅体现在物质产品生产与供应方面，而应在保护、治理与开发湿地过程中，将湿地生态系统视为多种效益相互关联的，且具有动态性、潜力性、整体性的复合系统，使湿地生态系统中的各项功能相互协调，最大限度地为人类发挥其直接与间接的服务价值。

5.2.1 价值量的变化

1996—2010年，洞庭湖湿地生态系统服务总价值量呈增加趋势，由三峡水库蓄水前（1996年）的1.57×10^{10}元增加到蓄水后（2010年）的1.77×10^{10}元，增加了13.1%，但各项服务价值则有增有减，如水库蓄水后调蓄洪水、蓄水供水的价值明显减少，而旅游休闲、交通航运的价值显著增加。这是因为除了受降水年际分配不均的影响外，三峡水库蓄水后，洞庭湖径流量减少，水位偏低，湖泊可蓄水量减少，其价值量相应减少。同时，由于社会经济发展推动了洞庭湖湿地生态旅游业和水上交通运输业的蓬勃发展，湿地生态旅游价值量由7.14×10^{8}元增加到9.22×10^{9}元，水上交通运输价值量由4.62×10^{8}元增加到2.04×10^{9}元。

5.2.2 价值结构的变化

洞庭湖湿地生态系统服务价值量的构成呈明显变化。三峡水库蓄水前（1996年）的各项生态系统服务价值居前的排位是：调蓄洪水价值＞蓄水供水价值＞大气调节价值＞科研教育价值，四项之和约占总价值量的 82.7%。其中，调蓄洪水价值约占 53.2%，表明洞庭湖湿地生态系统在调节水分和大气尤其是调蓄洪水方面发挥着重要作用，也充分反映了吞吐型湖泊这一特有的功能特点。三峡水库蓄水后（2010 年）湖泊湿地生态系统服务价值量排名居前的是：旅游休闲价值＞交通航运价值＞大气调节价值＞蓄水供水价值，四项之和约占总价值量的 82.2%，其中旅游休闲价值约占 52.0%，说明随着经济社会发展，湿地旅游资源已转向深度开发利用，同时反映了人们对生态环境休闲娱乐服务的需求日愈增强。

5.2.3 蓄水价值的变化

洞庭湖湿地生态系统主体功能的服务价值明显减少。湿地具有水陆两重性，表现出以季节性的淹水与显露交替状态作为存在条件，因而与水情直接关联的功能在湿地生态系统中处于核心地位。洞庭湖湿地生态系统的主体功能包括调蓄洪水、蓄水供水、净化水质和水产品生产等。通过比较发现，湖泊湿地生态系统主体功能的服务价值由三峡水库蓄水前的 1.11×10^{10} 元减少到蓄水后的 2.75×10^{9} 元，减少了 75.2%。尤其是调蓄洪水价值，从 1996 年的 8.33×10^{9} 元减少到 2010 年的 3.22×10^{9} 元；从多年平均价值量来看，蓄水前（1996—2002 年）调蓄洪水价值为 5.11×10^{9} 元，蓄水后（2003—2010 年）为 2.32×10^{9} 元。其主要原因是：①2003—2010 年长江中上游地区及洞庭湖流域年降水量较多年平均值偏少 1/3；②三峡水库蓄水后荆江三口断流时间延长，入湖水量减少，洞庭湖水体所承载的服务价值也相应减少；③三峡水库自身巨大的调洪服务功能日渐发挥，已在较大程度上取代了洞庭湖湿地的一部分调蓄功能。受其综合影响，洞庭湖湿地生态系统主体功能的服务价值有所减少。

5.2.4 价值比重的变化

洞庭湖湿地生态系统的直接服务价值比重有所增加，间接服务价值比重相对减少。例如，洞庭湖湿地物质产品生产与供给功能这一直接服务价值在总价值量中的比重，由三峡水库蓄水前（1996 年）的 18.1%增加到蓄水后（2010 年）的 23.4%，而生态环境调节与维护、文化社会方面的间接服务价值比重，则从 1996 年的 81.9%减少到 2010 年的 76.6%。这意味着洞庭湖湿地物质产品生产供给功能与生态环境调节维护、文化社会功能之间存在某种程度的矛盾，表现出了服务功能的不相容性。如果单纯采取技术措施改善湿地生态系统的生产供给功能，将有可能导致湿地生态系统其他功能（如生态环境调节和维护）的减弱，因而必须合理协调诸如农业生产供水与水质污染处理、湿地资源利用与生物多样性等之间的矛盾。

5.2.5 价值的影响因素

造成三峡水库运行前后洞庭湖湿地生态系统服务价值差异的主导因素是气候变化及人类活动（主要是水利工程及围垦）。洞庭湖湖盆是水沙的载体，其湿地生态系统是水沙过程与湖盆长期相互作用的结果，水沙是连接湿地生态系统各功能的纽带，水沙增加或减少都会引起湿地各项功能的连锁响应。三峡水库蓄水前后洞庭湖湿地生态系统服务价值变化的驱动因素主要表现在：三峡水库蓄水前，湿地功能主要受气候变化、下游荆江系统裁弯及湖区围湖造田等因素的影响；三峡水库蓄水后，湖泊湿地功能主要受流域降水连年偏少、长江（荆江）三口入水沙大幅减少的影响，一方面减少了泥沙淤积，延缓了泥沙对湖泊生境的塑造速率，另一方面打破了湿地显露与淹没的交替规律，引起湿地功能结构，尤其是与水体直接关联的功能发生改变。

5.3 应对措施

三峡工程运营后，长江水量周期发生质的变化，导致洞庭湖生态系统的主要矛盾是缺水。保持洞庭湖的生态水位是洞庭湖生态系统标本兼治的基础，也是对接三峡水库的现实选择。以配套水利工程缓解、治理洞庭湖缺水现状，是解决洞庭湖缺水问题最直接的方法。具体来说，从实际出发，主要实施好以下几项工程。

5.3.1 建坝储水工程

水是洞庭湖生态经济区建设的核心。洞庭湖是连接长株潭城市群、武汉城市圈的纽带，是“两型社会”试验区的腹地经济区。事实证明，目前三峡水库对城陵矶补偿调度调控能力非常有限。洞庭湖建坝储水是解决后三峡工程时代洞庭湖水资源减少、水体污染、生物多样性降低以及洞庭湖生态经济区建设的必由之路。因此我们认为，要把洞庭湖建坝储水工程作为三峡工程重要的配套工程上升到国家层面。洞庭湖建坝储水就是要促进生产、生活、生态协调发展，实现“三生共赢”。分析研究表明，单独在城陵矶建一级高坝抬高水位，对防洪和湿地保护以及候鸟等栖息地的影响很大。为此，本研究提出了洞庭湖“三级储水”的设想，除在上游入口处的松滋口建进水闸以增加入湖水量（约1 000亿立方米）之外，还可在东洞庭的城陵矶、南洞庭的青山、西洞庭的南嘴等三处建低坝储水，即在东洞庭湖城陵矶建坝，控制水位25.5～27.5米，可储水30亿～60亿立方米；在南洞庭湖青山建坝，控制水位28.5～29.5米，可储水18亿立方米；在西洞庭湖南嘴建坝，控制水位31～32米，可储水50亿～60亿立方米。洞庭湖三级建坝工程既可增加储水100亿立方米以上，又可增加水电发电50亿～100亿千瓦·时，有效缓解我省煤荒、电荒。既可提供鱼类等水生生物和候鸟多样化的栖息地，又可促进粮食生产，实现储水保粮的目标；同时还可优化航运系统，使洞庭湖成为全国通江达海的水陆转运中心。

5.3.2“港”“闸”一体工程

三峡水库已经正式运营，无论从经济角度还是政策角度，无论是“三生”还是“三新”，整体上都是正面效果。调研结果表明，洞庭湖区有良好的全民生态意识，很好的公众参与环保的基础。以群众路线为依据，抓住主要矛盾，实事求是寻对策，首先要解决洞庭湖水位水量的问题。在城陵矶建水闸，放缓洞庭湖入口长江的水流速度，适当抬升洞庭湖水位，同时，把城陵矶港口改造为现代化的大港，“闸”与“港”融合，达成洞庭湖与三峡水库对接，实现“三生共赢”。这既是实事求是地尊重客观规律，又是依据实际情况为人所用的民生工程，利在当代，功在千秋。

5.3.2.1 改造城陵矶港口的必要性

城陵矶港位于松阳湖长江中游仙峰水道右侧，距三江口3公里，距市区20公里。2007年城陵矶港投资6.5亿元，历经两年时间，新建了三个3 000吨级集装箱深水泊位，年吞吐量为30万标箱，同时配套建设了高标准的口岸联检大楼、检验检疫用房及海关监管仓库、海关查验平台、监管卡口等联检设施。岳阳海关、岳阳出入境检验检疫局等中央驻岳联检单位和口岸相关企业，联手进驻联检大楼办公，为湖南省特别是岳阳市外贸企业提供方便、快捷、周到的通关服务。城陵矶港受到省内外物流业界的高度关注，纷纷将业务搬进港口。已有岳阳水运总公司、上海富仓物流有限公司、岳阳江陵船务有限公司、湖南远洋岳阳分公司等多家船运物流公司进驻城陵矶，抢占市场先机，发展集装箱业务。据专家测算，城陵矶港直接拉动岳阳市的经济年增长率提升3个百分点，还将直接拉动整个湖南及长江中上游地区的资金流、物流和人流。每到枯水季节，湘、资、沅、澧四水下降，长株潭等地的货物只好通过小船舶运至城陵矶通过新港换大船进江入海，进口则通过城陵矶港由小船换大船。城陵矶港在带动岳阳城区规模快速扩张、产业快速升级的同时，也扮演着湖南外向型经济发展桥头堡的作用。然而，三峡工程运营后，长江与洞庭湖的生态水位和周期都发生了明显变化，城陵矶港口的作用因缺水受到很大限制。2010年暑假，本研究组人员在城陵矶港口调研时，采访了城陵矶新港有限公司业务经理谢军群，他深深地感叹："做了20多年航运，还没见过长江水位像今年这样低。如果不改造城陵矶港口，很难再发挥原有的作用，码头就是要水啦。"在码头工作了12年的一位工人告诉我们，城陵矶港码头太破旧了，十年了都没有什么变化，当地对城陵矶港口不满意。省里和岳阳市有关部门也明确表示，城陵矶港口近十年来都没有什么发展，与其重要的战略地位是极不相称的，必须尽快改造。我们还进一步了解到，城陵矶码头在枯水期最深水不到5米，停靠3 000吨级江海轮开始出现困难了。从这个意义上讲，三峡水库的运营是城陵矶港口进行现代化改造的良机。建设现代化的城陵矶港口，推动地方经济发展，给当地人民群众带来实惠，树立科学发展的典范。如果再不改造城陵矶港口，以对接三峡水库，那么城陵矶码头的辉煌将成为历史。

5.3.2.2 建设城陵矶闸的紧迫性

洞庭湖及四水流域缺水的问题已相当严重，2010年11月城陵矶水位下降至26米左右，湘江更是见底，解决长株潭城市群的缺水问题已经迫在眉睫。本项目组从2010年5月开始，对洞庭湖1990年至2009年间的水文、水利、环境等资料进行了认真对比，发现从2001年长江三峡开始蓄水后，洞庭湖水位也随之逐年降低，生态环境也开始恶化。2008年与洞庭湖一体相连的湘江出现了断流，这在湘江水文史上是第一次。2009年10月23日20时，湘江长沙水文站水位降至25.01米，创历史最低。要治理洞庭湖的水环境，首先要解决洞庭湖的"水危机"。在建设城陵矶港口同时，建设城陵矶闸，将洞庭湖入长江的水量适当调整，对应三峡水库对长江水量的控制，将是解决洞庭湖水危机的紧迫任务。将洞庭湖水环境治理与解决水危机相结合，将推动地方经济发展与恢复洞庭湖生态环境相结合，有利于洞庭湖区域经济社会的发展，是两型社会建设与推行"三新"进程在湖南的新实践，也是洞庭湖区"三生共赢"的具体体现。建设城陵矶闸旨在充分挖掘洞庭湖航运优势和潜力，将城陵矶建设成为物流总部基地和运营中心，提高港口主枢纽规模和地位，增强港口综合服务功能。建设临港产业集群，注重港口建设与洞庭湖区域内经济的互动，以闸兴港，港闸一体。

5.3.2.3"港""闸"选址的比较性

综合我们的调研结果得出，目前能解决洞庭湖及其流域缺水问题的水利工程建设主要有：①在四水入洞庭湖口建闸，控制四水入洞庭湖水量；②疏通松滋长江入洞庭湖口，修建松滋口到澧水人工运河，利用澧水引江灌湖；③在松滋口、太平口、藕池口三口处修建水闸，枯水季节从长江引水入洞庭湖，缓解洞庭湖缺水问题；④在洞庭湖入长江口城陵矶处修建水闸，调节洞庭湖入长江水量。综合各方面因素，我们作如下分析：①在四水入洞庭湖口建闸，虽然能控制四水入洞庭湖水量，但是四水入洞庭湖水量只占洞庭湖总入水量的30%，不能彻底解决洞庭湖缺水的问题，只能暂时缓解四水本身缺水的问题。由于四水水量较少，河流较长，提高水位效果不明显。②疏通松滋长江入洞庭湖口，修建松滋口到澧水人工运河，利用澧水引江灌湖。首先这是一项很大的水利工程，从湖北修一条运河接荆江水入洞庭湖，必须由中央政府协调并经过湖北省政府同意。其次，在缺水季节能缓解洞庭湖缺水问题，可是在丰水季节，直接加重澧水以及西洞庭湖防洪压力，澧水流域直接成为长江的蓄洪区，又必须加固目前澧水相应防洪设置，在经济上不现实。③在松滋口、太平口、藕池口三口处修建水闸，枯水季节从长江引水入洞庭湖，缓解洞庭湖枯水问题。1958年，调弦口水闸建立，由于湖北、湖南两省在扒口分洪问题上意见的分歧，调弦河成为内河，湖北境内河段严重淤塞，几乎失去了调水蓄水功能，昔日百舸争流的情景一去不复返，从此长江入洞庭湖“四口”变“三口”。并且随着“三口”河道的逐年淤积，已出现了冬春季河道断流及水污染严重、旱情加剧、人畜饮水困难、水资源短缺及水环境恶化等问题。华容河下游已出现严重水污染现象。2004年冬及2005年春，松滋河连续两次出现水质突然变坏，造成松滋县部分居民饮水中断，公安县也出现类似情况，给人民群众生活带来了严重影响。由此可见在“三口”建闸不切合实际。

5.3.2.4 城陵矶“港”“闸”一体工程的可行性

综合上述比较和本课题组的实地调研结果，在咨询水利、环保、生态、经济等各方面专家后，经过认真思考与对比国内外其他类似湖泊治理典型案例，我们认为，在城陵矶修建“港”“闸”一体工程方案最能解决洞庭湖缺水的问题，为洞庭湖水环境治理提供基础和前提，也最具操作性。理由如下：在效果上，建城陵矶水闸，上半年丰水季节蓄洪，能解决湖南境内因大面积降水对长江防洪的压力；下半年枯水季节可利用丰水季节的储水，避免洞庭湖区域大面积缺水。在作用上，通过减缓洞庭湖入长江水流速，提高洞庭湖水位，增加洞庭湖库容和湖泊面积，在保障洞庭湖水量的同时，不打破长江流域水循环平衡，基本上能解决洞庭湖及长株潭城市群缺水严重的问题。在技术上，多数专家认为，在城陵矶修建水闸从技术上可行，不过需要考虑的是，在城陵矶修建水闸会增加城陵矶泥沙淤积量，会对城陵矶地区防洪造成一定压力。气象部门资料显示，近年来，湖南境内降雨量没有明显减少，与往年基本持平，可是洞庭湖及其流域内缺水现象却日益严重，特别是三峡工程运营后，洞庭湖水位明显下降，究其根本原因还是来水量与泥沙量减少造成的。在城陵矶建“港”“闸”一体工程，可控制洞庭湖入长江水量，抓住缺水的主要矛盾，从根本上解决区域内缺水的问题。

5.3.3 扩建内湖工程

洞庭湖扩建内湖储水是实现“内湖移民、加修堤防、扩大湖面、增加储水”的重要举措，是打造洞庭湖生态经济区的重要基础。目前，洞庭湖内湖面积有136万亩，约占堤垸内总面积的9.2%。若按专家论证意见，即洞庭湖区至少需保留15%左右的内湖面积来考虑，其堤垸内储水量可达15亿～20亿立方米。扩建内湖，一是补充抗旱水源，为粮食生产提供保障。三峡工程运行后，导致了外河外湖年平均水位下降3～4米，低于堤垸进水涵闸底板，切断了从外河外湖引水灌溉的水源，严重影响了粮食生产。二是科学调度和利用水资源的需要。洞庭湖内湖面积由1954年的340万亩（占26%）缩减至现在的136万亩（占9.2%），减少了60%。三是发展湖区生态经济的需要。内湖的大量消失使水产养殖业遭受重创，扩建内湖能促进产业结构调整，发展高效养殖业。四是修复洞庭湖湿地生态系统的需要。目前，洞庭湖不规则的水文变化严重影响了生物多样性，内湖扩建可模拟外湖水文规律，恢复湿地生态系统。

5.3.4 水源地保护与建设工程

从水源地生态保护出发，从源头上治理和解决我省水环境问题。整体来讲，一是实施好矿区生态修复与排水净化、水资源生态调蓄利用、水源地工程建设与水土保持功能修复等工程。二是加强水源涵养林保护与建设。森林是绿色的天然水库。据测定，1亩森林能蓄水20吨，5万亩森林的蓄水量相当于100万立方米的水库。在洞庭湖水源地保护上要结合我省地理结构和“一湖四水”特点，湖区内建设不同类型的森林水源涵养林，建立“（森）林—（水）库”系统。

5.3.4.1 洞庭湖生态浮岛建设工程

生态浮岛是一种针对富营养化的水质，利用生态工学原理，降解水中的有机物、氮、磷含量的人工浮岛。它能使水体透明度大幅度提高，同时水质指标也得到有效改善，特别是对藻类有很好的抑制效果。浮岛植物不仅营造了水面景观，而且在进行光合作用的时候，同时吸收周围的CO_2，释放O_2，净化着空气。植物在生长过程中有蒸腾作用，蒸腾作用通过植物气孔蒸发水分调节环境温度。因此，浮岛植物的光合作用与蒸腾作用调节着水面的微气候，这种良好的微气候适宜于鸟类等的栖息。浮岛的遮阳效果、涡流效果等创造了鱼类生存的良好条件。生态浮岛因具有净化水质、创造生物的栖息空间、改善景观等综合性功能，在水位波动大的水库，或因波浪原因难以恢复岸边水生植物带的湖沼，或是在有景观要求的池塘等闭锁性水域均得到广泛应用。浮岛分为干式浮岛和湿式浮岛，水体和植物不接触的为干式浮岛，水体和植物接触的为湿式浮岛。由于湿式浮岛植物与水体良好接触，植物根系吸收水体中各种营养成分，降低了水体富营养化程度，还可以利用特定植物的选择吸收性，对重金属污染进行修复。在洞庭湖区域内投放多个生态浮岛，既能吸收水体中 N、P、K 等元素，还能大大降低水体重金属污染，更能形成洞庭湖一片美丽的风景线。

5.3.4.2 **洞庭湖滨岸带植物修复工程**

湖滨植被缓冲带也简称为湖滨带，是湖泊水生生态系统与湖泊流域陆地生态系统间一种非常重要的生态过渡带。湖滨植被缓冲带在涵养水源、蓄洪防旱、净化水质、防治污染、维持生物多样性和生态平衡以及生态旅游等方面均有十分重要的作用，是湖泊天然的保护屏障，是健康的湖泊生态系统的重要组成部分和评价标志。在洞庭湖沿岸生态系统受到破坏的地区，按照图 5-1 所示，种植相对应植物，修复水底生态系统和滨岸带生态系统。

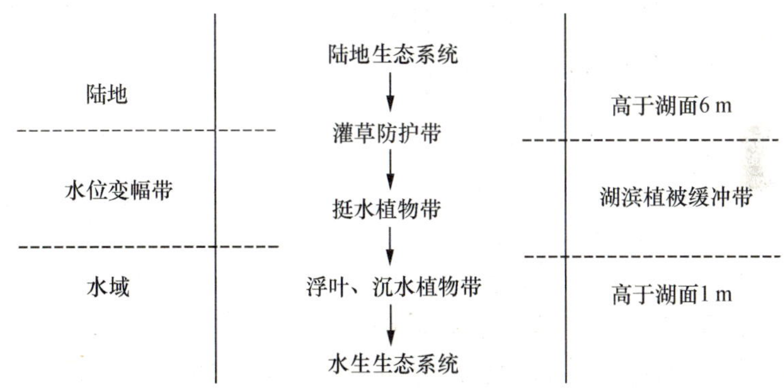

图 5-1　生态浮岛结构示意图

5.3.4.3 **洞庭湖及四水流域水源涵养林建设工程**

三峡水库的修建，从正反两方面影响了长江中下游地区的发展，对此必须有消除其负面影响的配套工程。城陵矶建“闸”就是三峡水库的配套工程，应该上升到国家战略层面。城陵矶建“闸”与“港”，也要防患于未然，同时建设好配套工程。在城陵矶修建水闸的同时，还必须对洞庭湖区域以及长江上游、四水流域进行植树造林，种植水源涵养林，从源头上防止水土流失，从根本上缓解洞庭湖防洪、行洪的压力。提高四水上游森林覆盖率，合理利用土地资源，改善植被条件，控制水土流失。加强行政监督管理，严禁在堤身和护堤内放牧、挖掘草皮或任意砍伐毁坏林木等。严禁在堤身或保护范围取土、挖洞、建窑、开沟、爆破等。由于洞庭湖流域地跨湖南大部分地区，单靠某个县市是很难做到有效管理的，应打破行政区域划分，由省政府牵头组织实施。

5.3.5 流域环境治理工程

洞庭湖的污染治理与上游各支流流域的污染治理一脉相承。治水先治污，要实行雨污分流，采用人工湿地处理系统、污水处理系统、水源涵养林系统处理污水；针对我省主要流域干道遭受点源、面源污染的特点，尤其是湘江重金属污染已纳入国家“十二五”规划战略这一契机，加快改造沿江不符合“两型社会”发展要求的传统产业；全面启动“水专项”系列工作，重点从湖泊、河流、城市水环境、饮用水、流域监控、战略与政策等六个方面开展研究和联合攻关。通过综合治理，实现主要河道污染物总量控制，使资水、沅水、澧水等水域达到地面水质Ⅱ类标准，湘江和洞庭湖达到地面水质Ⅲ类标准。

06

洞庭湖湿地
生态系统服务功能的保护与增强

6.1 保护的必要性、原则与任务

保护具有重要生态功能地区的生态环境，是我国实施可持续发展战略的重要措施。洞庭湖是长江流域重要的调蓄滞洪区，在维系长江江湖水系和水域生态平衡等方面，发挥着巨大的作用，是国家进行生态功能保护区建设的重点地区之一。全面保护洞庭湖生态服务功能，是巩固洞庭湖地区“退田还湖，平垸行洪”的治理成果，维护其作为长江洪水调蓄库的主要地位，以及保护其物种基因库作用的需要。同时，也是履行国际公约、承担国际义务的要求。深入认识洞庭湖生态环境现状、退化原因和趋势，科学合理地进行洞庭湖生态功能保护，实现其利用的资源型向功能型转变、生态保护的实体型向理性概念型方向转变，继而在流域圈思想指导下，实现湖泊生态功能有效保护、湖区自然资源持续利用和区域社会经济可持续发展的目标，是当前洞庭湖环境保护、治理和恢复的重要任务。

6.1.1 保护的必要性和意义

6.1.1.1 是保护洞庭湖生物多样性和履行国际公约的需要

洞庭湖独特的水情动态和特殊的环境条件，繁衍了极其丰富的生物物种，蕴藏着珍贵的物种基因。同时，洞庭湖作为我国重要的淡水湖泊湿地，具有相对完整的湿地景观系统和生态系统结构，已被列入重要的《国际湿地名录》，但因长期过度的利用、污染，特别是严重泥沙淤积及其诱发的围湖垦殖活动，湖泊严重萎缩、湿地面积急剧减少，使得鱼类等水生生物的产卵场、洄游繁育地，以及珍稀鸟类的栖息地、越冬地的生境遭受破坏，湖泊生物多样性受到严重威胁。如鲥鱼等名贵鱼类，白鲟、白鳍豚等珍稀动物，以及中华鲟等国家一级保护动物均已罕见或近乎绝迹，洄游性、半洄游性鱼类已呈明显减少趋势，鱼类个体小型化、低龄化，珍稀候鸟种群数量已显著下降。因此，加强洞庭湖生态功能保护，是保护湖泊湿地生态系统结构、水生生物和珍稀鸟类生境，保护洞庭湖物种基因库和履行国际公约的需要。

6.1.1.2 是巩固洞庭湖治理和退田还湖成果的迫切需求

新中国成立以来，国家为治理洞庭湖水患投入了大量资金，湖区人民为抗灾减灾作出了巨大牺牲。1998 年，中国政府针对长江“小水大灾”，蓄滞洪区在洪水来临时欲分不能的艰难局面，及时提出了“退田还湖、平垸行洪、移民建镇”的整治原则。经过几年的实施，洞庭湖区已退田还湖 554 km^2。加强监管洞庭湖生态功能保护力度，是巩固洞庭湖历年洪水整治成果，特别是“退田还湖”成果的现实要求和紧迫任务。

6.1.1.3 是保护洞庭湖调蓄滞洪功能的需要

长江上游山高谷深，束水下泄积聚洪水能量。出三峡后，沿江两岸发育了众多湖泊，是江洪能量释放和泛滥的场所，维系着长江的生态尤其是水量的蓄泄平衡。但因湖泊湿地和江洲河滩的大规模垦殖，极大地削弱了其调蓄长江洪水的生态服务功能。目前，荆江段已呈现“悬河”的险恶形势，长江中游洪水来量和安全泄量之间严重不平衡，客观上要求有调蓄中游长江超额洪水之地。洞庭湖是目前长江中游荆江段唯一与长江干流直接相通的湖泊，承担着分蓄长江大量超额洪水的任务，同时，又吞吐湖南省境内湘、资、沅、澧四水。保护洞庭湖生态功能，是保护洞庭湖调蓄长江洪水功能的迫切要求，对于维系长江中游地区江湖洪水的蓄泄平衡，减缓长江干流的冲淤变迁，有着不可替代的作用。

6.1.1.4 是实现资源持续利用和实施经济可持续发展的战略要求

洞庭湖区素有“鱼米之乡”的美誉，粮、棉、油、水产品的产量，在全国占有重要的地位。但由于农、牧、渔业等资源过度开发利用以及污染等诸多原因，目前有的已具明显衰退趋势，有的已近枯竭。如渔业资源的天然捕捞量，从 20 世纪 70 年代以来呈现不断下降的趋势，且鱼类呈现出个体小型化和低龄化，其中，银鱼由 1928 年的 90 t 下降至 1993 年的不足 2 t。实施洞庭湖生态功能保护，有利于资源的持续利用和区域社会经济的可持续发展，是功在当代、惠及子孙的事业。

6.1.2 保护的基本原则

6.1.2.1 整体性原则

即以维护洞庭湖调蓄滞洪功能为前提，兼顾其他功能。洞庭湖首要生态功能是作为分蓄长江中游洪水的调洪区，以及沉淤长江部分泥沙的沉沙区，维系着长江中游超额洪水的平衡和泥沙冲淤的相对平衡，起着缓解长江洪水威胁，减轻湖区乃至长江中游地区洪涝灾害压力，延缓长江中游河床变迁的重要作用；但作为一个完整的湖泊湿地生态系统，又具有齐全的生态结构和立地环境，繁衍着丰富的生物多样性，是长江流域重要的生物物种基因库，维系着江湖水域生态平衡，既是珍稀水生生物的繁衍地、活动场，也是珍稀迁徙性鸟类的越冬场和栖息地；同时，湖泊内部不同区域和位置，依生态位的差异也具有不同的生态服务功能。因此，应依洞庭湖生态功能区的主要功能制定保护措施，并兼顾其他功能，实现整体性保护，使洞庭湖的生态服务功能得到全面发挥。

6.1.2.2 保护优先原则

即经济发展必须遵循自然规律，坚持优先保护自然生态。重要生态功能区是国家实施“三区”推进生态环境保护战略的抢救性保护区，即对具有良好生态环境的地区实施积极保护，对重要的资源开发区实施强制性保护，对生态功能区实施抢救性保护。洞庭湖作为国家级生态功能保护区的战略定位，属于抢救性保护范畴。由于泥沙淤积、围洲垦殖和不合理利用，以及江湖变迁等原因，造成诸如小水大灾、水位抬升和生物多样性下降等生态功能退化问题，并已危及长江生态安全。洞庭湖生态功能应实施抢救性保护，以维护洞庭湖在维系长江生态安全中的功能、作用和地位。因此，必须坚持依自然规律制定生态功能保护对策，适当兼顾在湖泊中的生产行为和传统生产方式，以及湖区的经济活动。

6.1.2.3 同步推进原则

即生态保护与生态恢复措施并举，保护和治理同步推进。洞庭湖湖域广阔，生态系统结构复杂，不同部位的生态服务功能，以及保护和利用现状存在明显差异。东洞庭湖是保护现已受到威胁的物种（迁徙性鸟类）的重要停歇地和繁殖地，已被列入《国际湿地名录》，并相应建立了国家级自然保护区；南洞庭湖和西洞庭湖因其具有重要的湖泊湿地资源和生态结构，也相应建立了省级自然保护区或县级自然保护区等；沿湖垦殖区作为长江洪水“平垸行洪、退田还湖和移民建镇”整治战略的重要实施区，已经完成了相应的实施规划，并正在逐步落实。因此，洞庭湖生态功能保护的原则之一是使良性生态系统结构得到有效保护，退化生态系统得到恢复或重建，生物多样性的立地环境基础（主要是环境质量）得到有效治理，环境恶化的趋势得到有效遏制，即生态功能保护和生态恢复措施并举，保护和治理同步推进，巩固洞庭湖区已有生态保护、建设和管理的成就，推动湖区“平垸行洪、退田还湖和移民建镇”水利规划的顺利落实，确保洞庭湖调蓄滞洪的主体功能得到巩固和进一步加强，物种基因库的功能得到抢救性保护，加强湖区的污染防治工作力度，使湖区的生态环境基础得到有力的保护，生态环境状况得到有效治理和明显改善。

6.1.2.4 可持续发展原则

即与已有相关保护措施协调优化，强化可持续发展的环境保障能力。洞庭湖区作为长江经济带的组成部分，是重要的经济区之一。保护和利用的矛盾是对立统一的，保护实际上是一种更高意义上的利用，以实现资源利用的持续性和维系更大范围内的生态平衡，达到生态环境和经济发展整体优化，实现经济发展局部服从整体、眼前服从长远的可持续战略，即保护和利用统一、经济发展和生态保障一致，并实现从资源型直接利用向功能型间接利用的转变，以充分利用湖泊湿地生态服务功能的价值。因此，生态功能保护的基本原则之一是与已有的水利规划、湖区社会经济发展规划、湖泊整治规划、湖区污染防治规划、交通建设规划，以及自然保护区建设规划等其他专业规划协调，加强其他规划与湖泊生态功能保护区规划的一致性。考虑到洞庭湖区是重要的经济区，功能保护体现生态保护和经济发展“双赢”思想，生态功能拟通过采用调整生态功能保护区的产业结构、生产方式等规划手段，达到经济发展和环境相协调，增强区域经济发展和社会进步的环境保障能力，促进区域经济发展和社会文明进步。

6.1.3 保护的主要内容

一是对现有生态状况良好、生态功能正常发挥的重点区域，采取严格的保护措施，防止发生新的人为破坏和退化。其中，生物多样性丰富、具有典型性和完整性的自然区域，在生态功能保护区下建立自然保护区。二是对生态系统受到破坏、生态功能开始退化的区域，重点采取合理的管护措施，或划定禁渔区、禁猎区等，促进自然恢复。三是对区内严重退化的生态系统和生态严重恶化的区域，通过生物和工程措施，开展生态恢复与重建，逐步恢复其生态功能。区内鼓励发展生态旅游业，使得人文景观和自然景观同时得到生态开发和有效保护。

6.1.3.1 强化保护区建设与管理，尽快扭转生态环境退化的演变趋势

湖泊湿地被誉为“地球之肾”，具有巨大的生态服务功能，对保护人类生

存环境、实现资源持续利用等十分重要，其特殊价值已日益被人们所认识。洞庭湖作为一典型的湖泊湿地生态类型，发挥着维系长江中下游地区水系生态平衡的重要作用，是长江流域极重要的调蓄滞洪区和物种基因库，受到了国际组织和我国政府及有关部门的高度重视，并已相应建立了若干个自然保护区。但由于洞庭湖生态功能区结构复杂、人类活动强烈，有必要转变保护策略，进一步加强管理和保护，这也是落实国家对洞庭湖生态功能保护区战略定位的重要手段。强化洞庭湖不同类型保护区的建设和管理，并在保护的同时，对已破坏的湖泊湿地系统结构加强生态恢复力度，禁止一切新的破坏活动和行为，遏制湖区生态环境的恶化趋势。保护洞庭湖的生态系统结构和环境基础，是保护洞庭湖生物多样性的需要，也是落实保护其调蓄滞洪生态服务功能的具体措施，贯彻依对象的结构整体、类别重点，进行全方位、多元化保护的战略思想。

6.1.3.2 强化退田还湖区的监管能力建设，切实巩固洪水治理成果

1954 年长江流域发生严重的洪涝灾害。为防御此类型洪水，在增加蓄洪容积和分蓄超额洪水量方面，平时围而空之，图田耕之利；洪水时破而蓄水，收防洪之效。在这种“空腹蓄洪”思想引导下，荆江南北建立了大量蓄滞洪区，如荆江分洪区、洪湖分洪区，以及洞庭湖区的 24 个蓄洪堤垸等。此外，随着人口的增加和人水争地矛盾日益突出，还有群众自发和局部地方政府组织修建了大量民圩巴垸。一方面，在局部经济利益驱动下，经过几十年发展，目前蓄滞洪区人口已达几百万，五业兴旺，分蓄洪水谈何容易，“空腹蓄洪”已演变为“空而难蓄或不能蓄”；另一方面，大量的民圩巴垸由于防洪能力薄弱，已陷入年年防洪、年年修堤的被动局面。1998 年洪水之后，中央审时度势，及时提出了“退田还湖、平垸行洪和移民建镇”等长江流域湖水治理的 32 字指导原则。做好蓄滞洪区的移民建镇工作，真正做到蓄滞洪区空腹待蓄，以及平毁非法围垦的民圩巴垸，缓解长江中游地区愈演愈烈的洪水威胁和已不堪重负的防洪负担，对长江防洪至关重要。对退田还湖区实施严格的管护措施，已成为长江巩固洪水治理成果的紧迫任务。因此，对洞庭湖区的单退和双退堤垸，分别建立生态移民区和严格自然保护区，通过制定严格的管理法规和强化执法管理，确保移民建镇工程收到实效和不反复，是洞庭湖生态功能保护的重要任务。

6.1.3.3 调整湖区工业企业结构，控制工业污染

洞庭湖区工业性污染突出，其中造纸、化肥行业是湖区主导行业，同时它们又是污染大户，无污染或少污染的高新技术产业比重很小。因此，加强工业生产的结构性调整，控制工业企业的污染，是保护洞庭湖生态功能保护区环境基础的必要条件之一。

制浆造纸企业散布湖区，数量多且规模小，污染物排放量大，是造成洞庭湖水质污染的主要工业企业。应该按照“国家扶持，政策引导，政府干预，市场运作”机制，扶植或组建洞庭湖区规模化的造纸业生产基地，实行集团化的生产经营和管理，并按市场法则，自然淘汰掉小造纸厂的市场空间，逼其停业或转产；对于不能按期进行污染治理的小型造纸企业，予以强行关闭。另外，生态功能保护区内的小氮肥厂，大多数效益不高，缺乏有效治理污染的能力，是洞庭湖污染的第二大工业污染源，亦应采取组建化肥生产企业集团的手段，通过市场调节并辅以行政措施，淘汰那些污染严重和效益低下的小氮肥厂。

6.1.3.4 **调整农业生产结构，大力发展生态农业**

生态农业是一种充分利用天然资源的新型农业生产模式，是我国农业发展的方向。洞庭湖区作为我国重要的商品粮、油、麻等的生产基地，目前面临着很多挑战与机遇：一是粮食出现结构性过剩，要接受国内市场激烈竞争的考验；二是面临我国加入 WTO，农副产品市场要与国际接轨，接受绿色壁垒与国外市场竞争的考验。因此，进行湖区农业结构性调整，既具战略性，又有现实性意义，也是减轻农业面源污染的重要措施。这些措施主要有：①调整农作物种植结构，培育和发展无公害蔬菜基地、花卉苗木基地、茶果用材林基地、生态农业观光旅游基地等，大力开发和推广绿色无公害食品生产，减轻农业面源污染；②畜禽粪便对洞庭湖水体氮磷污染贡献比较突出，加强畜禽粪便的综合利用与治理工作，是减轻湖泊氮磷污染的重要途径；③禁止露天焚烧秸秆，大力提倡与推广秸秆综合利用，改良湖区农田土壤，并减少化肥施用量；④发展生物防治病虫害，进行科技创新，开发新的病虫害生物防治技术，大量减少农药使用量。

6.1.3.5 **重视城镇生态环境保护，强化城镇污染综合治理**

生活污染特别是小城镇生活污染对洞庭湖氮磷污染的贡献居重要地位，强化小城镇的污染治理，尤其是生活污染治理，对控制洞庭湖区湖泊水体的富营养化趋势具有举足轻重的作用。在城市化发展过程中，结合洞庭湖国家级生态功能保护区建设，加强环境保护，落实污染治理，特别是生活污水、生活垃圾治理与处置。同时，湖区正在规划和实施退田还湖、平垸行洪和移民建镇工程，这也给湖区城市化和小城镇建设的生态保护提供了良好的契机。在移民建镇规划和实施过程中，应着实强化城镇污水的集中治理和固体废弃物的有效处理和处置，禁止城镇垃圾下河（湖）以及随处乱堆、乱放等现象。

6.1.3.6 **加强宣传教育力度，提高湖区人群的生态环境保护意识**

必须建设洞庭湖生态功能保护区宣传教育与信息交流基地，建立湖区生态环境变化跟踪监测体系，开展生态环境保护宣传教育工作，努力提高人群的文化素质和生态环境保护意识。据1999年的统计资料，在洞庭湖区1 079.63万人口中，文盲人口达到32.58万人，占湖区人口总数的17.8%，虽然与1986年相比，文盲率下降了5.88%，但人口素质仍然亟待提高。提高人口文化素质，是加强生态环境保护的必要条件，否则，提高人群保护生态环境的自觉性就难以落实和维持长久。建议把保护洞庭湖生态环境、提高人口素质以及强化生态保护意识，纳入区域经济和社会发展计划。必须利用各种手段和形式，宣传湖泊湿地生态环境保护的意义，增强湖区群众对保护洞庭湖生态环境的认识。要使整个社会形成一种"保护环境，就是保护人类自己和未来"的良好社会风尚，逐步形成湖区群众主动参与生态环境保护事业的风气。同时，还要建立有效的监管体系，制定保护条例或相关法规，实行强制性保护。

6.1.3.7 **建立统一管理机构，实行新型管理机制**

洞庭湖生态功能保护牵涉到多个部门和地市，各部门和地方政府出于自身利益考虑，在管理过程中职责交叉，常出现管理局面混乱和存在死角的情况。在对自然资源的开发利用方面，部门或地方规划往往不能很好地服从于经济发展的长远战略利益，常有急功近利的经济行为，导致资源的过度开发利用，造成生态环境的破坏。为使洞庭湖生态环境保护落到实处，必须打破条块分割、各自为政的局面。建议洞庭湖生态功能保护区建立权威管理的执行机构，统一协调各地（市）、县和各部门的行动，实现区域生态功能保护工作的有序和有为。同时，加强法制建设，在国家相关法律法规的框架内，制定洞庭湖生态功能保护的地方法规，并辅以相应的管理措施和办法，实行依法管理的运行机制。

6.1.4 保护的核心任务

生态功能保护涉及方方面面利益，关系复杂且存在诸多矛盾。因此，生态功能保护必须依靠法规进行规范，使之逐步走向法制化和规范化的轨道，从而实现依法治湖、依法护湖。根据洞庭湖生态功能保护的实际，建议因地制宜地制定洞庭湖生态保护法规，促进湖区国民经济发展走生态经济的道路，引导地方积极主动地进行工业企业生产结构、农业生产方式和结构调整，鼓励多方参与洞庭湖生态功能保护活动，争取多渠道、多方面资金和技术的投入，以发挥各方的主观能动性，同时建立必要的监管体系，形成全区覆盖的监管能力。其核心任务是：①确保洞庭湖调蓄长江洪水（包括沉淤部分泥沙）的主导生态服务功能不再受到人为削弱和影响；②湖区"退田还湖、平垸行洪和移民建镇"的洪水治理成果得到切实巩固和强化；③对鱼类等野生水生动物酷捕滥捞的行为进行有效遏制；④对珍稀野生水生动物、植物和鸟类及其生存环境的人为干扰进行有效控制；⑤建立以湖泊生态位形成的保护区网络系统和科学有效的管理机制；⑥湖区的工农业产业结构得到合理调整和优化；⑦科研、监测和宣传教育体系得到建立，具备科学、系统的信息，以支持生态功能保护区的管理决策；⑧拥有足够的人力资源和有效的管理机构，以适应生态功能保护区各项工作的需要；⑨生态功能区内环境恶化趋势得到扭转，并向良性方向发展；⑩实现生态功能区社会经济走可持续发展道路。

6.2 保护的基本措施——生态恢复

6.2.1 生态恢复的目的和原则

6.2.1.1 恢复目的

恢复的根本目的是通过对退化的洞庭湖湿地进行恢复，使湿地资源能在有效保护的前提下支撑社会经济的健康、稳定和持续发展，再现或重建一个自然、自我维系的湿地生态系统，实现区域内生态、生产和生活“三生共赢”的目标。

具体来说，为了推动洞庭湖区湿地区域“生态—社会—经济复合系统”的有序、健康发展，应对区域湿地生态系统演化与修复、区域江湖关系进行研究，探索湿地生态健康评价、预警机制，寻找适合当地社会经济协调发展的生态对策，实施生态恢复措施。通过实施生态恢复项目，为洞庭湖区湿地资源的合理利用、有效保护和管理提供科学依据，推动区域整体生态环境建设，提高区域生态、社会、经济综合效益。结合洞庭湖区湿地实际情况，将湖区湿地生态恢复的基本目标定为：实现区域湿地生态系统地表基地的稳定性，恢复湿地良好的水状况（包括恢复水文条件和改善水环境质量），恢复植被和土壤，增加物种组成和生物多样性，实现生物群落的恢复，恢复湿地景观，实现区域社会和经济的可持续发展。

6.2.1.2 恢复原则

（1）地域性原则

退化的湿地生态系统本身具有地域性。生态恢复是针对具体的退化湿地生态系统区域而言的，是对特定的退化湿地生态系统实施生态恢复工程，而不是针对所有的湿地生态系统（或湿地区域）。不同的湿地区域退化生态系统类型不同，其退化态势、特点和原因也不尽相同，呈现出一定的地域性和差异性。因此，应根据洞庭湖区湿地的地理位置、气候特点、湿地类型、功能要求、经济基础等因素，制定适当的湿地生态恢复策略、指标体系和技术途径。

（2）生态性原则

即以湿地的生态保护为第一原则。生态原则主要包括生态演替规律、生物多样性原则、生态位原则等。该原则要求根据生态系统自身的演替规律分步骤、分阶段进行恢复，并根据生态位和生物多样性原则构建生态系统结构和生物群落，使物质循环和能量转化处于最大利用和最优循环状态，要求达到水文、土壤、植被、生物同步和谐演进。从流域整体和区域局部两个范围科学处理"人"与"水"的关系，确定"人"和"水"的最佳结合点，以"顺其自然、化害为利"为指导思想，不能增加对湿地的压力。

（3）市场性原则

对替代产业的发展，要在考虑湿地资源的前提下，同时考虑市场需求，面向全球经济一体化的市场格局，发展有市场竞争能力的替代产业，市场需要什么就发展什么，市场需要多少就发展多少，产销平衡，实现良性循环。

（4）以人为本原则

以人力资源开发为基础，注重技术培训和提高劳动者素质。传统的堤垸经济是建立在围湖造田基础之上的。围垦使洪水永久地失去了容身之地，频繁的洪涝灾害说明生态环境破坏效应日渐明显，围湖造田已超出了自然生态经济环境所能承受的极限，由此产生的自然灾害成为堤垸经济发展的最大障碍。要保持堤垸经济的持续发展，必须很好地解决人水争地的矛盾，退田还湖则是解决这一矛盾的重要途径。

6.2.2 生态恢复的具体方案

6.2.2.1 加强洞庭湖"生态水量"和科学调度研究，保障湿地生态需水

（1）科学调度生态水量

结合长江和"四水三口"等水利设施现阶段的调度方式，积极创新调度模式，开展生态水量调度探索实践。以恢复与保育流域生态为根本目的，通过科学论证确定水量统一调度方案。生态水量调度应注重调度时机的把握、调度精度的提高和调度潜力的挖掘，是在已有工作成果上的调度模式创新、提升和深化。

生态水量调度是要建立以生态需求为主导的水量配制机制。"生态水量"方案要对来水和下泄的比例、水量的空间分布、下泄水量时机和流量过程作出明确规定。生态水量调度就是要在深入研究洞庭湖湿地生态系统植被生长发育规律的基础上，根据其对地下水与地表水的依赖程度以及年内需水量变化和年际差异，选择更加合理的调度时机和调度措施，优化流量过程，提高生态配水的有效性。简而言之，生态水量调度就是在最合适的时间，用最恰当的方式把

水送到生态恢复最需要的地方。

生态水量调度是洞庭湖，乃至整个长江中游水量调度工作的新阶段，不是单纯某一个工作环节的完善和提高，生态水量调度的实现需要工程手段、法律手段、基础研究等多措并举，建立综合保障体系。

(2)“退耕还湖，平库保水”，增加水面面积

水是湖区湿地的生命线。湖区的生存与维系依赖于水的滋润和养育，对湖区来说，有水则兴，无水则衰，水多则患。所以，应该尽快恢复湖区原有水体面积，尤其是湿地的水状况。

持续开展退田还湖，其原则是“适度”，即退、还那些过度围湖造田的部分，恢复到洞庭湖 20 世纪 50 年代调蓄洪能力的一半。增加退田还湖中“双退”的面积。从湿地生态恢复的角度来看，“双退”才是真正的退田还湖，对湿地生态功能的作用最大。改变洞庭湖“空垸待蓄”状态，建设一定面积的平原水库，在汛期发挥“蓄洪垸”的作用，在枯水期起到保水作用。为保证湖区湿地的面积与容积不再减少，严禁任何围湖造田及减少水面的活动。

6.2.2.2 保护原生林湖洲和湿地野生植物资源

(1) 优化湖洲功能，加强滨岸带修复

保护原生林湖洲，优化湖洲开发与经营模式，加强城镇湖滨带的修复。加强保护西洞庭湖和南洞庭湖少有的原生林湖洲，建立湖洲乡土植被与外来植被相互结合的草林经营机制。保护野生水草，严禁人为刈割，严禁洞庭湖湿地野生植被如野莲、芡实的人为过度开采。东洞庭湖黑藻和马来眼子菜群丛分布广泛，机船无序航行对其最小分布面积的影响是主要的，须禁止机船无序打草。

要对湖区湿地生态系统进行科学有效区划，如划分为芦苇区、水草区、沼泽区等，以便对湿地生态系统结构与功能进行优化配置、构建与调控。围垦区内抵御外来生物入侵，加强对已有外来种的控制。花生和水葫芦等入侵种阻塞航道和沟渠，在部分流域情况相当严重。

制定水域保护区与保育机制。依据生态特殊性与脆弱性，划定水域保护区，禁止人为干扰仍是最简易有效的保育措施，且水域生态系统食物网关系复杂，不可能只保存一种生物而不顾其他物种，因此唯有保护栖息地，使整个生态系统连同所有当地生物一齐保存下来才是根本之道。

(2) 实施“渔民上岸，集中安置”，确保鱼类增殖与洄游

安排湖区渔民解困上岸，融入现代文明生活，对渔民实行临时生活救助；对所有血吸虫病渔民患者发放血吸虫病治疗药物进行免费治疗，参加城镇医保或新型农村合作医疗；举办转产转业培训班，安排推荐渔民上岸就业，安排渔民子女就近入学并享受“两免”政策；停止征收渔民行政事业性收费，减轻渔

民负担；在规定的水域范围内禁止所有捕捞作业，做到“船进港、网入库、人上岸、镇集中”和“湖中没有渔船，水中没有网具，市场没有湖鱼”。同时，组织专门力量到渔村、码头、渔船、水产品市场和餐馆饭店，向广大渔民和基层干部群众广泛宣传长江禁渔的重要意义，普及相关法律知识，不断增强其守法意识和保护资源环境的自觉性。

在湖区内选取具有典型性和代表性、生态系统结构和功能完整的区域，珍稀野生动植物栖息地与集中分布区以及生态功能严重退化的区域，对其实行封育，严禁过度捕捞，保护鱼虾类产卵场、索饵场、越冬场、洄游通道，为水生动物、珍稀鱼类等创造良好的生境。

（3）维持“堵、疏、打、养”长效保障机制，减少人为干扰

加强对市场管理的力度，堵住野生动物在市场的流通渠道。猎杀鸟类的主要原因是其可以在市场上流通并转化成经济利益。通过禁止市场交易和法律制裁，可以大大减少猎杀鸟类的现象。加强对人民群众的宣传教育，使其认识到保护野生动物的重要性，建立法制观念，疏通湖区和流域民众的思想障碍，在实际行动中支持保护野生动物的工作。

设立各种举报系统，对非法捕杀、兜售等行为进行举报，并且迅速打击，通过法律手段进行惩罚，绝不手软，确保野生动物资源的保护。在野生资源得到保护的基础上，适当满足人们需求，针对具有很高食用价值、药用价值的资源，建立野生资源饲养培育基地。养鸟可以使农村副业经济得到促进，使饲养人走向致富之路，客观上又减少了人们的捕杀，保护了有限的动物资源。

（4）加强流域的调查研究与监测，建立湖区“休养生息”梯级时间表

加强流域的调查研究与监测。了解鱼类种类组成与分布、生活习性，重新确定固有、稀有，或濒临灭绝的鱼种，进而制定正确有效的保育措施。建立种源保存、人工繁殖与族群复育的技术，有效保存生物种源，在必要时利用种苗放流的方式加以复育。了解造成生物资源减损的原因，才能建议政府采取对症下药的策略。进行水域水文生态长期研究，以评估哪些水域应被划入保护区的范围，制定保护管理办法，建立资源永续利用模式。

必须制定并实施让湖泊休养生息的战略，包括采取严格的环保措施，在湖泊流域促进可持续产业发展，大量减少入湖的点源和面源污染等。同时，保护生态系统服务功能，将湖泊治理与应对气候变化相结合，大力发展低碳、循环和绿色经济；要强调湖泊流域综合治理在湖泊管理中的重要性，并将其纳入国家和地方的政策和计划中；明确制度、法律、经济、科技和信息在湖泊流域不同阶段综合管理中的作用。

6.2.2.3 强化工业污染防治

洞庭湖区工业污染突出，必须采取治理和预防相结合的方法严格控制工业污染，加大重点行业污染治理力度。

（1）严格实施工业污染物总量控制制度

对不能稳定达标或超过总量的排污单位实行限期治理，逾期未完成治理任务的，责令其停产整顿。通过总量控制，提出污染物排放与治理方案和保护对策，促进水资源可持续利用和社会经济与环境协调发展。

（2）突出工业园区污染集中治理

加快对各县市区工业园的规划和管理，加大企业入园的环境监管力度，建设园区集中式污水处理厂，配套污水处理厂污泥处理系统，减少企业重复性环保投资。将园区内污染负荷较小的企业废水直接排入园区污水处理厂进行集中处理，污染负荷较大的企业废水在企业进行初步处理并满足污水处理厂进水标准后汇入。争取在2030年前，在所有工业园区建设集中式工业污水处理厂，为工业固体废物和危险废物配备统一的固废处置中心；提高对工业固废的综合利用水平，适当建设工业固体废物和危险废物综合处置工程，并配套对渗滤液进行处理；对条件较好的工业集中园区，争取在2020年前淘汰园区10吨以下小锅炉，建立集中式热电站，实施集中供热。

（3）突出主要行业和主要污染企业的污染治理

对食品加工、造纸、苎麻加工、医药加工、氮肥行业、水泥行业、发电行业等一批区域主要污染行业进行重点整治。对食品加工企业废水进行全面治理，位于园区内的企业废水经初步处理后集中进入污水处理厂，非园区企业配套生化处理设施。对制浆造纸企业配套建设碱回收装置以处理黑液，回收碱并对中段废水进行深度处理，使废水实现达标排放；提高商品浆及废纸造纸企业废水的重复利用率，对其生化系统改造升级，减少污染物产生及排放量，实施清洁生产改造。对苎麻行业进行清洁生产改造，将原化学脱胶改为生物酶脱胶，并配套完善生物脱胶废水处理设施。对医药加工企业进行清洁生产改造和污染物综合治理，完善废水深度处理设施。对氮肥生产废水实施综合治理，实施零排放，对合成氨“三气”回收并进行余热利用；实施清洁生产改造并配备废水在线监测。同时对一批污染较大的企业进行污染治理，实施清洁生产改造和节能减排；对一些已经造成较大环境影响企业的遗留问题进行治理。将当前处于非园区的工业企业依据其实际情况逐步搬迁入园，以便实施污染的统一治理，减小工业分散污染。以涉重企业重金属污染防治工作为重点，以新墙河流域砷污染事件为警示，采取有力措施，大力防控和应对重金属污染，切实解决危害群众健康的突出环境问题，促进经济社会可持续发展，维护人民群众环境权益，保障人民群众的生命安全。

（4）加强重金属污染治理

贯彻落实《国务院办公厅转发环境保护部等部门关于加强重金属污染防治工作指导意见的通知》和《重金属污染综合防治规划》。一是大力推进产业结构调整，本着积极稳妥的原则，集中检查重点区域、涉重金属重点行业、重点企业的污染治理和环境安全隐患，取缔、关停、整改违规企业；二是做好突发环境事件处理应急方案，积极推进重金属污染防治工作，实施一批典型示范工程；三是加强科普教育和新闻宣传等。

（5）严格执行环境影响评价、“三同时”制度、排污许可证制度和区域限批制度

暂停或限制审批超过污染物总量控制指标的建设项目。严格审批造纸及纸制品业、医药制造业、化学原料及化学制品制造业、纺织业、食品制造业等产生有毒有害污染物的建设项目。切实加强“三同时”验收，在生产源头上减少污染物的产生，有效控制流域污染物排放总量。

（6）淘汰落后产业，积极推进清洁生产，大力发展循环经济

按照循环经济理念调整经济发展模式和产业结构。要制定严格的排放强度准入制度，鼓励节能降耗，实行清洁生产并依法强制审核。

（7）强化污染源监控与管理，制定奖惩制度

争取到2020年，洞庭湖生态经济区所有污水处理厂、80%以上的重点工业污染源实现污染物浓度和排污总量监控，统一安排在线监控装置，统一数据传输，实现实时监控、动态管理。

6.2.2.4 强化湖区周边农田污染综合治理

（1）改善水环境质量，推进农田地下水污染防控

改善湖区水环境质量，一方面是湖区本身的水环境治理，另一方面则是湖区周边地下水的污染控制。

对于湖区水质的污染，应建立健全洞庭湖水质监测网络。目前有些部门对洞庭湖进行了水质监测，但从质与量相结合管理、流域水资源统一管理来看，还需加强水资源监测能力建设，进一步完善监测网络，提高快速反应、自动监测和预报能力，为领导决策提供依据，及时处理突发性水污染事故。加大投入，根据实际情况，引进先进仪器设备，运用现代化高新科技，大力提高监测能力和水平，并进一步做好技术人员培训工作，提高水资源保护队伍的整体素质，适应新形势下的水资源保护工作。湖区保护范围内禁止设立粪便等生活垃圾的收集、转运站，禁止堆放医疗垃圾，禁止设立有毒、有害化学物品仓库、堆栈。水源保护范围内的厕所应达到国家卫生厕所标准，与饮用水源保持安全

卫生距离。水源保护范围内粪便应实现无害化处理，防止污染水源地。

地下水是水资源的重要组成部分，就水体污染而言，地下水污染与地表水污染相比更具有隐蔽性和难以逆转性。地下水受某些组分严重污染，往往是无色、无味的，即使人类饮用了有害或有毒组分污染的地下水，对人体的影响也只是慢性的长期效应，不易觉察，且地下水一旦受污染，便很难治理及恢复。生活污水大都未经处理直接排放，对地表水和地下水造成污染，严重威胁了当地的饮水安全。

湖区内居民在生活中排放的废水所含污染物多为氨氮、磷、合成洗涤剂、厌氧细菌、挥发性酚、汞、病毒及放射性物质等，多数排入河道、沟渠或渗坑，对地表水和地下水产生污染；任意堆放的未经处理的生活垃圾，通过风吹、降水淋溶，其中的有毒有害物质进入水体，也污染了地表水和地下水；由农业活动而造成的地下水污染源主要包括土壤中残留农药、化肥、动植物遗体的分解以及不合理的污水灌溉等。以上情况都会造成湖区的水体污染。

此外，加强水资源保护舆论宣传和监督是关系整个社会发展与进步的事业，涉及千家万户，必须大力宣传，提高全社会的水资源保护意识，增强节水知识宣传力度，呼唤社会关注水问题、珍惜水资源、保护水环境。同时加强行政监督、公共媒体舆论监督、群众监督，确保洞庭湖水资源保护工作持续发展。

（2）加强对土壤环境保护，强化农田土壤环境监管

洞庭湖区的土壤不仅污染严重，而且还在不断转移扩散。土壤污染加重导致土壤中的有益菌大量减少，土壤质量下降，自净能力减弱，影响农作物产量与品质，危害人体健康，甚至出现环境报复风险。湖区土壤污染将带来一系列危害，一是生态关系失衡，引起生态环境恶化，致使稻田生物多样性不断减少，系统稳定性不断降低。二是土壤质量下降，使农作物减产降质，农药、化肥和工业导致的土壤污染，使湖区粮食减产。三是重金属病开始出现，对人们身体健康和农业可持续发展构成严重威胁，最终危害湖区周边的居民。

洞庭湖区农田土壤出现严重的重金属超标现象，主要以镉、镍、钒三种元素污染为主。防治洞庭湖区农田土壤环境污染的关键是治理涉及镉、镍、钒等重金属和多环芳烃类持久性有机污染物的工业污染，从源头控制污染。调整不合理的工业布局，改进工艺，大力发展循环经济，推进资源的有效利用和废物资源化利用等，积极推进清洁生产，把污染控制在生产环节的开始和全过程，减少镉、镍、钒等重金属和多环芳烃类持久性有机污染物的排放量。严格监督执法，严格执行环境影响评价，提高环保准入门槛。

科学合理施用农药，坚决禁止销售和使用含有机氯的农药。积极探讨植物

病虫害、草害的综合防治途径与技术，加大对农药新品种的开发力度，开发高效、低毒、低残留农药新品种及生物制剂并推广应用。选用低毒农药是通过改良农药的毒性，选用毒性小、环境适应性强的农药，来降低其对水源的污染。农药的化学特性是影响农药渗漏的最重要因子，在生产中应尽量选用土壤吸附力强、降解快、衰减期短的低毒农药。生物农药，具有无污染、无残留、高效、低成本的特点，应大力推广应用。与传统的化学农药相比，生物农药具有对人畜安全、环境兼容性好、不易产生抗性、易于保护生物多样性和来源广泛等优点，但多数生物农药作用速度缓慢，受环境因素影响较大，田间使用技术也不够成熟。生物降解，是通过生物的作用将大分子有机物分解成小分子化合物的过程，包括动物降解、植物降解、微生物降解等，具有低耗、高效、环境安全等优点，是防治农药污染最有优势的技术。可针对农药品种、环境条件在受农药污染的水源保护范围内，通过培养专性微生物、种植特定植物、投放特定土壤动物等来降解农药。根据受污染农田土壤中污染物的种类，采用相适应的治理方法。

加强对洞庭湖区农田土壤环境质量的例行监测，扩展监测项目和加密监测点位，定期采样监测，跟踪农田土壤环境质量的变化动态；建立洞庭湖区农田土壤环境质量信息平台与风险评价技术体系，将洞庭湖区农田土壤环境质量的例行监测数据输入，不断完善信息平台，随时监视农田土壤污染的变化趋势，有助于科学管理与决策，快速实现污染土壤中的潜在风险评估，切合实际地提出防治方案。

（3）提高湖区农田垃圾处理水平，加快湖区农田垃圾处理设施建设

垃圾处理作为湖区环境综合治理的重要方面，直接关系着洞庭湖经济社会发展的全面推进。当前，湖区垃圾收集、处理等配套基础设施建设比较落后，不仅影响当地居民的生活环境和身体健康，还通过饮水、食品和大气污染等间接地影响城市居民的生产生活。解决好垃圾处理问题已成为改善湖区环境面貌、推进社会主义新农村建设的紧迫任务。

湖区周边农田的生活垃圾随意堆放，未及时清运和处理，大量垃圾随意堆放在公路旁、田间地头、水塘沟渠边。垃圾长期露天堆放影响了环境卫生，滋生蚊虫，从而影响健康；产生大量氨、硫化物等有害气体，污染大气；在堆放物腐败过程中还会产生大量的酸性或碱性有机污染物，将垃圾中的重金属溶解出来，重金属和病原微生物会造成湖区周边地表水和地下水的严重污染。

根据现阶段经济发展水平，首先要建立低成本垃圾收运处理系统，逐步实现垃圾清运容器化、密闭化和处理无害化。即把能够回收的废品分类收集起来，把相当部分的有机垃圾就地处理，把不能回收、不宜堆肥处理的垃圾收集

起来或进行简单筛选处理，再集中运到规范的填埋场或焚烧厂进行处理。现行的有实用价值的技术有：利用秸秆气化及固化成碳工艺；单独收集的有机垃圾可结合树叶、草进行露天条形堆肥；积极稳妥地推进垃圾焚烧处理；适当推行“户分类、村收集、乡镇运输、县（区）集中处理”的模式，实现资源共享。

湖区周边农田的垃圾主要可分为三大类，第一类是可回收利用垃圾，如玻璃、金属、塑料、纸制品等，平时可由湖区周边居民自己妥善保管，保洁员上门收集垃圾时卖给保洁员；第二类是不可回收利用垃圾，如旧衣布料、暖水瓶、签字笔、尿不湿、卫生纸、泡沫品、纤维品等；第三类是可堆肥垃圾，如剩饭菜、瓜果皮等。可回收利用垃圾和不可回收利用垃圾在保洁员收集时进行二次分类后分装运输，其中可回收利用的由保洁员送至废品回收公司，不可回收利用的，由保洁员送至垃圾池后转至垃圾中转站，再进而运至垃圾卫生填埋场进行填埋。同时，在养殖过程中的剩饭菜、瓜果皮等能完全再利用，故餐厨垃圾可不另作处理；煤渣、炉灰、石块、砖头、建筑垃圾等可就地无害化处理的垃圾，可就近填埋、铺路、填塘，不具备处理条件的，则由保洁员集中选点处理。有毒有害垃圾由保洁员收集后交保洁公司暂存，统一运送至危险废物处理中心处置。

（4）加强畜禽养殖污染防治，控制鱼类养殖数量

湖区周边的畜禽养殖场所与居民生活区混杂，养殖粪便和废水未得到有效处理，很多养殖户畜禽粪便随处排放、污水横溢，堆粪地点周围恶臭弥漫；畜禽粪便排入河道或池坑，污染水体和土壤。

优化调整畜禽养殖区域布局，对畜禽养殖进行整体规划布局，科学划定畜禽养殖的禁养区、限养区、宜养区。切实加大畜禽养殖业执法力度，定期组织开展畜禽养殖业污染防治专项执法检查，查处畜禽养殖业的各种违反环保法律法规的行为。

积极推广集中养殖、集中排污，按照工业污染源污染防控要求，实施规模化养殖场的排污许可、排污申报和排放总量控制制度。对现有规模的养殖场，要求完善粪污处理设施，做到雨污分流、固液分离，污水统一收集处理，并设置废渣堆放场所，配备相应的种植业用地，实行生态养殖。把畜禽养殖业发展与绿色食品、有机食品生产基地建设结合起来，遵循“以地定畜、种养结合”的原则，形成“生态养殖—沼气—有机肥料—种植”的循环经济模式。加强规模化畜禽养殖场废弃物的治理和综合利用。优先开展位于人口集中地区、重点流域和区域的规模化畜禽养殖场污染治理。

完善相关法律，控制养殖全过程的水域水质达到渔业用水标准。建立健全水产养殖法规和许可证制度，加强对水产养殖业的管理。对养殖区域全面规

划，进行环境影响评估，确定养殖容量；积极推进和完善以养殖许可证为核心的水产养殖管理制度，加强对水产养殖环境、苗种、饲料、渔药和水产品质量等的全面管理；加强对养殖用水的排放管理，制定渔业用水排放标准，对养殖场废水排放进行控制，禁止直接向洞庭湖区养殖水域“投肥养殖”及投毒饵钓鱼。

推广科学饲养技术，减小残饵污染。优化养殖结构，采用混养、间养、轮养等立体养殖和生态养殖形式，提高饲料利用率；科学投放饲料饵料，减少残饵率；推广生态营养饲料的使用，减少饲料造成的污染。加强水产养殖废水净化处理和循环利用。集约化养殖场配备污水净化设施，养殖废水处理后再排放；水产养殖废水引入农田灌溉，让农作物吸收，实现废水资源化利用。

（5）调整农业产业结构，大力发展生态农业

洞庭湖区宜发展有机农业，采取适当农艺技术并辅以生物及物埋措施防治病虫害；水源保护范围内严禁施用高残留、高毒农药，农药包装物及清洗器械的污水按照国家和地方有关标准妥善处置，不应随意丢弃和处置。应选用低毒低残留农药或生物、物理防治方法。

大力发展现代农业，推进农业规模化、专业化、集约化发展，推进高效农业、循环农业、生态农业建设。优化农产品结构，突出发展特色产业。大力推进湖区农业标准化建设和农业产业化经营，加快发展农产品精深加工。加强农业科技创新和农技推广，力争在良种培育、生物技术、疫病防控、精深加工等领域取得重大突破。加强湖区内社会化服务，建立健全农业技术推广、动植物疫病防控、外来有害生物防控、农产品质量监管和良种繁育体系。大力发展外向型农业，建设优质农产品出口基地。统筹城乡发展，工业反哺农业，城市支持农村。抓住中部崛起机遇，继续实施农业结构战略性调整，转变农业经济增长模式，全面提高农业效益、提高粮食综合生产能力、提高产业化经营水平、提高农产品质量安全水平、提高农产品市场占有率、提高农机装备水平、提高农民增收水平、提高农民人居环境质量，全面建设小康社会，构建和谐新农村，实现农业持续发展、农民持续增收、农村全面繁荣的总体目标。

积极调整湖区种养结构，发展避灾农业。加强耕地质量建设，推广保护性耕作，稳定发展粮食生产，严守耕地底线。防止耕地抛荒，稳定播种面积，依靠科技提高粮食品质、单产水平和复种指数，扩大双季稻种植。努力确保粮食稳定增产，为国家粮食安全作贡献。实施新增粮食产能建设，规划高标准粮田，巩固退耕还林基本口粮田和沃土工程等重大项目，开展环洞庭湖千万亩基本农田整理和耕地后备资源基地建设。加强农村基础设施建设，加大农田水利设施建设力度。抓好病险水库除险加固，加快大中型灌区配套改造，引导支持

农民广泛开展小型农田水利设施、小流域综合治理等项目建设。发展设施农业、工程农业，提升农机装备水平。

加强农业科技推广，发展生态农业。认真指导农民科学施用化肥，大力推广农田测土配方施肥技术，优化肥料结构，加快发展适合不同土壤、不同作物的专用肥、缓释肥的应用开发和推广绿色无公害食品生产。扩大低毒、低残留、高效农药和生物农药的使用，引导和鼓励农民使用生物农药或高效、低毒、低残留农药。加强畜禽粪便的综合利用与治理，提倡规模化、集约化畜禽养殖方式，减少农药使用量。因地制宜推广和开发生态农业实用技术，开展生态农业建设，创建高效生态农业模式，积极调整农业产业结构，建设与种植业、养殖业和加工业紧密结合的生态农业模式。

(6）加强对农产品主产区的环境监管，强化相关法律法规

提倡无公害农产品，无公害农产品对于土壤、灌溉水、大气、生物及蔬菜投入品等均有严格标准，任何一项超标都可能造成生态环境污染或破坏，必须时常进行检测。因此，发展无公害农产品对保护洞庭湖的生态环境有重要促进作用。例如以沼气为纽带的综合利用技术，就可以把生产者、消费者和分解者连结成一个良性生物循环体系，三者相互利用、相互促进。蔬菜下脚料喂猪，猪粪经沼气池产生沼肥和沼气，沼气可为大棚供气肥，沼液为蔬菜供水肥。

建立完善农田环境监测网络，使其具备开展长期定位监测能力，尽快启动农产品产地环境监测普查，摸清农产品产地污染本底，开展农产品禁止生产区域划分工作，加大农产品产地污染事故处理力度，保障农产品质量安全。同时，加强执法机构和执法队伍的能力建设，配备必要的装备，加大执法力度，强化对农业资源环境的监管，纠正有法不依、执法不严、违法不究的现象，建立有效的产地环境监督管理机制。

建设洞庭湖生态经济区主要河流的控制断面、入户河口水质自动监测站；建立重要饮用水源地水质自动监测站，使其具备实时监测与污染事故预警能力；完善规划区环境监测软硬件条件，提高环保部门对地表水环境综合监测能力。按照国家和湖南省对突发环境事件应急预案的要求，建立健全与全省突发水环境事件分类相适应的环境应急监测装备体系。

完善湖区环境执法监督体系，禁止利用渗坑、渗井、裂隙、溶洞等排放污水和其他有害废弃物。禁止利用透水层孔隙、裂隙、溶洞及废弃矿坑储存石油、天然气、放射性物质、有毒有害化工原料、农药等，人工回灌地下水时不得污染当地地下水源。禁止新建、扩建与供水设施和保护水源无关的建设项目；禁止向水域排放污水，已设置的排污口必须拆除；不得设置与供水需要无关的码头，禁止停靠船舶；禁止堆置和存放工业废渣、城市垃圾、粪便和其他

废弃物；禁止设置油库；禁止从事种植、放养禽畜，严格控制网箱养殖活动；禁止可能污染水源的旅游活动和其他活动。

6.3 提升要点与增强措施

6.3.1 建坝蓄水抗旱

蓄水抗旱保安是洞庭湖重要的生态服务功能之一。现阶段如何提升洞庭湖这一服务功能与利用价值，是值得深入研究的问题。有人提出在洞庭湖出口城陵矶建坝拦水，也有人主张湘、资、沅、澧四水尾闾建坝拦水。在城陵矶建高坝，对防洪影响太大，仅在出水口建低坝，蓄水太少。经过多番比较和论证，认为最佳方案为东、南、西“三级蓄水”：东洞庭湖出口岳阳市七里山建坝，以泄洪蓄水并用于航运鱼道及发电综合工程；南洞庭湖青山建坝，以控湖储水发电；西洞庭湖出口赤山两端的小河咀和南咀建坝，用于储水航运发电鱼道综合工程。

6.3.1.1 东洞庭湖蓄水区

在洞庭湖出口建坝，控制水位 25.5～27.5 m，控蓄面积 1 000 km^2，可蓄水 30 亿～60 亿立方米，其原因如下：

东洞庭湖周边堤垸排水闸底板高程为 24～25.5 m（大通湖五门闸底板高程 25.5 m，钱粮湖六门闸底板高程 24.5 m），垸内需自流排涝时，蓄水位不超过 25.5 m，不影响垸内排涝。

东洞庭湖生态环境要求湖洲冬季地下水位不超过 25.5 m。东洞庭湖有芦苇和草地面积 60 多万亩，冬冰之时芦苇和水草根必须处于地下水位之上。在 5 月水位也不能淹没草地，否则植被会冻死或淹死。若洞庭湖的草地消失，冬季在此停留的动物将失去重要栖息地，严重影响生态环境，所以东洞庭湖冬季控制蓄水位不能超过 25.5 m。

6.3.1.2 南洞庭湖蓄水区

该蓄水区从沅江到湘阴青山。在青山两端建闸坝，蓄水位达 28.5～29.5 m，保留毛角口河与草尾河为航道。此方案控制万子湖、横岭湖共计面积 600 km^2。汛期可敞开闸门，冬季控制水位至 29.5 m，比东洞庭湖水位高 3～3.5 m，蓄水 18 亿立方米。此蓄水区不影响毛角口河、湘水、草木河，与航运、排水及生态无矛盾，更容易得到各部门和当地干群赞同。该工程较简易，若得批准，一两年可建成。此方案使洞庭湖冬季有 600 km^2 水面的浩浩荡荡之湖景，而且可解决东洞庭湖当前的秋冬干旱。

6.3.1.3 **西洞庭湖蓄水区**

在赤山南端小河咀建闸，北端南咀建闸，控制目平湖，沅水洪道、松滋洪道、虎渡河洪道（南闸以下），以及藕池洪道西、中支。共计面积 1 500～1 800 km^2；控制蓄水位 31～32 m，蓄水 50 亿～60 亿立方米。其原因为：

西洞庭湖多数堤垸的排涝闸底板高程为 28.5～31 m，如沅澧大圈苏家吉闸底板高程为 30 m。在春雨发生时，将水位降至 30 m，西洞庭湖区 400 多万亩耕地排水不受阻碍；目平湖、松澧洪道以及湘、资、沅、澧尾闾洪道有洲土草地 50 多万亩，高程为 33～34 m，冬季蓄水位 31～32 m 不影响防浪林和湿地水草的生长。

6.3.1.4 **三级蓄水带来的效益**

利用洞庭湖天然湖泊约 3 000 km^2，储蓄洪水 60 亿～100 亿立方米，增加洞庭湖和长江中下游冬季的淡水资源，使湖南省冬季淡水资源增加一倍，为长江中下游淡水量和黄金水道稳定起到重要作用；

增加水电发电。洞庭湖多年平均流量 10 100 m^3/s，城陵矶每年平均水位 24.67 m，若三级闸坝总控制水位 33.67 m，总水头位为 10 m。在三峡水库下泄 12 000 m^3/s 时，松滋口引水闸能引进 2 000～3 000 m^3/s。洞庭湖三级电站可装机 100 多千瓦，年发电量 50 亿～100 亿千瓦·时。建立洞庭湖冬季生态电源基地，解决湖南缺煤和春节期间电荒问题。

6.3.2 增加产品供给方面

巩固和扩大商品粮基地、鱼牧食品基地，兴建 10 个 100 万亩新型商品粮基地。洞庭湖区有耕地 1 651.35 万亩，是世界主要水稻产区，为国家重要商品粮基地。依靠洞庭湖充沛水资源和肥沃土壤，增修农田水利，建设 10 个 100 万亩稳产高产农田区。

扩大内湖、挖深池塘，建成千湖万库水产基地。洞庭湖区内湖港渠 1 000 余座，共计水面 300 多万亩；另环湖丘陵区有大中水库池塘 10 000 余座，共计水面 200 多万亩；还有东、南、西洞庭湖和四水四口洪道等天然湖泊湿地 4 000 km^2，是世界淡水鱼的主要产区。洞庭湖区水质良好，水产业有十分丰厚的发展潜力。通过整治湖岸、挖深浅湖、扩大调蓄，使内湖蓄水能力达 20 亿～30 亿立方米。建立优良水产养殖条件，力争鲜鱼珍珠河蟹等年产量突破 15 亿公斤，成为世界最大渔业基地。

6.3.3 保护生物多样性

6.3.3.1 **开挖深泽大池，储水于湖底，保护鱼种**

一百多年来，泥沙沉淀使洞庭湖区的深湖大港淤积抬高，大大减少了中低水位以下的湖容量和为长江补水能力。为保护长江湖泊湿地生态，挖湖是十分必要的。采用挖泥船挖湖并结合修堤筑台，一举数得。拟在湖区中心水域和四水四口低洼地带人造深泽大渠数十个，其中较大的至少有 10 个：洞庭湖出口深水区、东洞庭采桑湖深水区、东洞庭汨罗江出口深水区、东洞庭漉湖深水区、南洞庭横岭湖深水区、南洞庭万子湖深水区、南洞庭芦林潭深发沟深水区、东南湖深水区、目平湖深水区、七里湖深水区。

挖出一方湖泥，增加一方湖水。洞庭湖 9 月平均水位 26 m，至 12 月降至 19 m，湖水随水位降低自动吐出，及时为长江补水。洞庭湖深泽大池有利于江豚、中华鲟和各类种鱼藏身越冬，对长江生态保护十分有利。

6.3.3.2 建设垸内湿地保护区

2008 年 5 月，因三峡加大放水，东洞庭湖水位猛涨，淹没湖滩草地，候鸟因饥饿入垸取食蔬菜和禾苗。为保护生态条件，拟选择东洞庭湖边缘的采桑湖为湿地保护区试点区。该垸总面积 3 万多亩，有耕地 1 万亩，内湖 1 万亩，湖草湿地约 1 万亩。自然条件和天然湖泊湿地生态极为相似。规划将该垸建为湿地保护区，科学控制内湖水位，冬季草滩不枯，春夏草地不淹，将成为洞庭湖区候鸟优良栖息地。

6.3.3.3 确定东洞庭麋鹿自然保护区

1998 年长江大水，湖北中洲养鹿场溃淹，麋鹿逃至东洞庭湖新洲芦林草地，自然繁殖至今已有 40 多头。应尽快确定麋鹿保护区，隔断人入，保护自然条件，让其自然发展。

6.3.3.4 建立江豚保护区

据考察洞庭湖江豚主要栖息区在东洞庭湖煤炭坝（中洲垸对面）和南洞庭湖万子湖、横岭湖一带。1976 年水利部门在南洞庭湖开挖一条长 6 000 m、宽 40 m、深 5 m 的渠道。1977 年冬，当长江和洞庭湖洪水消落以后，100 多条江豚潜入该渠港过冬，近年在此仍发现江豚活动。东洞庭湖、南洞庭湖水质好，又无过往船只扰乱，应尽快确定建立该江豚保护区。

6.3.4 发展生态旅游方面

6.3.4.1 修建环湖旅游风景大道

洞庭湖区因地处水网地带，环东洞庭湖、南洞庭湖、西洞庭湖岸线至今没有公路，交通十分不便，严重阻碍环湖 400 万垸民生产生活和湖泊湿地生态旅游发展。修建东、南、西三个天然湖泊沿岸线风光大道是洞庭湖生态经济发展的基础工程。

（1）东洞庭湖环湖大道

该线路从长沙经湘阴、营田、磊石、鹿角、湖滨、南景港至岳阳楼，过洞庭湖大桥，沿君山垸大堤经钱粮湖六门闸、华容团洲垸、注滋口，再沿幸福垸大堤途经向东闸、大通湖农场大堤、五门闸、沅江南大膳、茶盘洲、湘阴青山至湘阴城关，形成环东洞庭湖大圈。全长 230 km，其中从茶盘洲经青山至湘阴建 25 km 长的跨洞庭湖大桥，壮观辉煌，且将洞庭湖中心区至长沙的距离缩短 100 余公里。

（2）南洞庭湖环湖大道

该线路从湘阴城区出发，经洞庭湖中心大桥，依次沿茶盘洲黄双茶垸的雁埠头、苏湖头、三沙咀、朱家咀、黄土包、黄茅洲、草尾、茅草街，过南咀大桥后沿赤山、沅江市、凌云塔、益阳民主垸北大堤，再到刘家湖、杨柳潭、湘滨垸北大堤、杨林寨、城西院、斗米咀，途径湘阴大桥，此线路环南洞庭湖大圈约 200 km，方便南洞庭湖周边区域 100 万垸民。若通过控制水位使南洞庭湖冬季水位升至 28.5～29.5 m，则可在春夏秋冬均能看到八百里洞庭浩浩汤汤之湖景。

（3）西洞庭湖环湖大道

该线路从常德市德山区出发，至沅南垸新咀，再依次沿汉寿围堤湖隔堤、周文庙、岩汪湖、蒋家咀、小河咀、沅江白沙大桥、赤山、南咀大桥，至南县、安乡，过澧水大桥后沿沙河口、柳林咀、西湖垸大堤、坡头、小港、牛鼻滩、马家吉最终至常德武陵区。该线路全长 250 km，可方便沿湖 150 万垸民的交通和生活，亦可促进西洞庭湖平原地带的生产发展。

6.3.4.2 修复文化古楼和观景台

修复屈原故居翁家港古城，修复磊石山听风楼和龙舟竞赛湖，岳阳新建洞庭宫和“范仲淹公园”，益阳修复明山、九都山、赤山等名胜古迹。常德修建“桃花源世外乐园”。在环湖风景大道沿途和东洞庭湖、南洞庭湖、西洞庭湖沿岸线修建 100 余处观鱼、观鸟、观鹿、观湿地景点，让游客食洞庭鱼、赋屈子辞、品三湘佳肴、咏芙蓉歌，使洞庭湖真正成为华夏文明的主要亮点。

6.3.4.3 修建洞庭湖至张家界高速铁路，创世界最美山景和旅游快道

张家界被世人誉为“放大了的盆景，缩小了的天堂”，为世界山景之最。洞庭天下水、岳阳天下楼，该两地为世界山水景观之最。若架通长沙经益阳、常德至张家界高铁，两小时可至可回，湖南旅游业将成为世界之最！

参考文献

[1] 庄大昌．洞庭湖湿地生态系统服务功能价值评估［J］．经济地理，2004，24（3）：391-394.

[2] 李景保，钟赛香，杨燕，等．泥沙沉积与围垦对洞庭湖生态系统服务功能的影响［J］．中国生态农业学报，2005，13（2）：179-182.

[3] 张运，张贵．洞庭湖湿地生态系统服务功能效益分析［J］．中国农学通报，2012，28（08）：276-281.

[4] 曾从盛，刘剑秋．福建湿地及其生物多样性［M］．北京：科学出版社，2010.

[5] 周忠学．城市化对生态系统服务功能的影响机制探讨与实证研究［J］．水土保持研究，2011，18（5）：32-38.

[6] 张运．洞庭湖湿地生态系统服务功能的价值评价［D］．长沙：中南林业科技大学，2007.

[7] 袁正科．洞庭湖湿地资源与环境［M］．长沙：湖南师范大学出版社，2008.

[8] 安树青．湿地生态工程——湿地资源利用与保护的优化模式［M］．北京：化学工业出版社，2002.

[9] 陆健健，何文珊，童春富，等．湿地生态学［M］．北京：高等教育出版社，2006.

[10] 许文杰，陈为国．东昌湖生态系统服务功能及其影响因子分析［J］．环境科学与管理，2006，31（8）：117-123.

[11] 黄蕾，段百灵，袁增伟，等．湖泊生态系统服务功能支付意愿的影响因素——以洪泽湖为例［J］．生态学报，2010，30（2）：487-497.

[12] 赵光洲，贺彬．云南高原湖泊流域可持续发展条件与对策研究［M］．北京：科学出版社，2011.

[13] 战金艳．生态系统服务功能辨识与评价［M］．北京：中国环境科学出版社，2011.

[14] 伍淑婕，梁士楚．人类活动对红树林生态系统服务功能的影响［J］．海洋环境科学，2008，27（5）：537-542.

[15] 李姣．洞庭湖湿地生态系统价值评估［M］．长沙：湖南师范大学出版社，2007.

[16] 郑华，欧阳志云，赵同谦，等．人类活动对生态系统服务功能的影响［J］．自然资源学报，2003，18（1）：118-126.

[17] 肖建红，施国庆，毛春梅，等．三峡工程对河流生态系统服务功能影响预评价［J］．自然资源学报，2006，21（3）：424-431.
[18] 刘苏，王祥荣．生态入侵及其对植被生态系统服务功能的影响研究［J］．复旦学报（自然科学版），2002，41（4）：459-465.
[19] 李文华．生态系统服务功能价值评估的理论、方法与应用［M］．北京：中国人民大学出版社，2008.
[20] 孔详智，郑风田，崔海兴．太湖流域水环境污染治理对策研究［M］．武汉：华中科技大学出版社，2010.
[21] 肖建红，施国庆，毛春梅，等．水坝对河流生态系统服务功能影响评价［J］．生态学报，2007，27（2）：526-536.
[22] 魏国良，崔保山，董世魁，等．水电开发对河流生态系统服务功能的影响［J］．环境科学学报，2008，28（2）：235-242.
[23] 鲁春霞，谢高地，成升魁，等．水利工程对河流生态系统服务功能的影响评价方法初探［J］．应用生态学报，2003，14（5）：803-807.
[24] 王浩．湖泊流域水环境污染治理创新思路与关键对策研究［M］．北京：科学出版社，2010.
[25] 陈敏，李绍才，孙海龙，等．雅砻江下游梯级开发对河流生态系统服务功能的影响［J］. 水力发电学报，2011，30（1）：89-93.
[26] 彭少麟，向言词．植物外来种入侵及其对生态系统的影响［J］．生态学报，1999，19（4）：560-568.
[27] 任燕，郑昭佩．东平湖生态系统服务功能价值评估［J］．水土保持研究，2007，14（3）：131-133.
[28] 欧阳志云，王如松，赵景柱．生态系统服务功能及其生态经济价值评价［J］．应用生态学报，1999，10（5）：635-640.
[29] 郑佩娜，谢嘉．湿地自然保护区与当地居民［J］．四川环境，2001，20（2）：18-20.
[30] 张彪，王斌，杨丽韫．太湖流域水生态服务功能评估［M］．北京：中国环境科学出版社，2011.
[31] 陈鹏．厦门湿地生态系统服务功能价值评估［J］．湿地科学，2006，4（2）：101-107.
[32] 唐作钧，张国君，潘惠新．洞庭湖区 11 个杨树新无性系的生长差异［J］．东北林业大学学报，2012，40（4）：14-17.
[33] 侯志勇，谢永宏，陈心胜，等．洞庭湖湿地的外来入侵植物研究［J］．农业现代化研究，2011，32（6）：744-747.
[34] 文柏海．基于“人水和谐”的洞庭湖综合治理对策［J］．人民长江，2009，40（14）：3-5.
[35] 王朝晖，彭友林，徐兆林等．西洞庭湖湿地野生植物的多样性［J］．贵州农业科学，2012，40（3）：6-11.
[36] 曹新向，翟秋敏，郭志永．城市湿地生态系统服务功能及其保护［J］．水土保持研

究，2005，12（1）：145-148.
[37] 蔡庆华，唐涛，邓红兵．淡水生态系统服务及其评价指标体系的探讨［J］．应用生态学报，2003，14（1）：135-138.
[38] 秦建新，尹晓科．洞庭湖区湿地生态环境问题与对策［J］．人民长江，2009，40（19）：12-14.
[39] 智颖飙，韩雪，吴建军，等．洪泽湖湿地生态系统服务功能货币化评价［J］．安徽大学学报（自然科学版），2009，33（1）：90-94.
[40] 潘文斌，唐涛，邓红兵，等．湖泊生态系统服务功能评估初探——以湖北保安湖为例［J］．应用生态学报，2002，13（10）：1315-1318.
[41] 王保忠，王彩霞，王保明，等．南洞庭湖湿地生态系统结构、功能与可持续研究［J］. 中南林业调查规划，2006，25（1）：25-30.
[42] 吴炳方，黄进良，沈良标．湿地的防洪功能分析评价——以东洞庭湖为例［J］．地理研究，2000，19（2）：189-193.
[43] 段晓男，王效科，欧阳志云．乌梁素海湿地生态系统服务功能及价值评估［J］．资源科学，2005，27（2）：110-115.
[44] 鞠美庭，王艳霞，孟伟庆．湿地生态系统的保护与评估［M］．北京：化学工业出版社，2009.
[45] 李瑞改．三峡库区城市化对生态系统服务功能的影响研究［D］．长春：东北师范大学，2005.
[46] 崔玲，倪红伟，孙珊珊，等．三江平原植被景观异质性对生态系统服务功能的影响［J］．国土与自然资源研究，2011，（3）：39-40.
[47] 王继国．新疆艾比湖湿地自然保护区生态服务功能及价值研究［D］．乌鲁木齐：新疆师范大学，2006.
[48] 郭新春，赵妍，冯江，等．腰井子自然保护区草原生态系统服务价值估算［J］．南昌大学学报（理科版），2005，29（4）：404-408.
[49] 彭平波，胡军华，何木盈．西洞庭湖鱼类资源调查与研究［J］．岳阳职业技术学院学报，2012，27（2）：27-32.
[50] 柳易林．洞庭湖湿地生态系统生态服务功能价值评估与生态功能区划［D］．长沙：湖南师范大学，2005.
[51] 童春富．河口湿地生态系统结构、功能与服务——以长江口为例［D］．上海：华东师范大学，2004.
[52] 戴兴安．长沙市湿地生态服务功能评估研究［D］．长沙：中南林业科技大学，2010.
[53] 姜宏瑶．中国湿地生态补偿机制研究［D］．北京：北京林业大学，2010.
[54] 董明辉，朱有志，庄大昌．洞庭湖区湿地生态旅游资源保护与开发研究［J］．资源科学，2001，23（5）：82-86.
[55] 皮红莉．洞庭湖湿地生态系统服务功能价值评价及其恢复对策研究［D］．长沙：湖南师范大学，2004.
[56] 孙刚，盛连喜，冯江．生态系统服务的功能分类与价值分类［J］．环境科学动态，

2000，(1)：19-22.
[57] 姜加虎，黄群，孙占东．洞庭湖生态功能保护的必要性和效益评估［J］．生态环境，2004，13 (4)：694-697.
[58] 姜加虎，黄群，孙占东．洞庭湖生态功能保护的原则和任务［J］．生态环境，2006，15 (3)：645-649.
[59] 杨祎．洞庭湖湿地生态恢复模式与综合效益评价研究［D］．重庆：西南大学，2008.
[60] 毛德华，吴峰，李景保，等．洞庭湖湿地生态系统服务价值评估与生态恢复对策［J］. 湿地科学，2007，5 (1)：39-44.
[61] 郭荣中，杨敏华．环洞庭湖区域土地利用变化对生态系统服务功能价值的影响［J］．贵州农业科学，2012，40 (7)：245-249.
[62] 李景保，代勇，殷日新，等．三峡水库蓄水对洞庭湖湿地生态系统服务价值的影响［J］．应用生态学报，2013，24 (3)：809-817.
[63] 代勇．三峡水库运行后洞庭湖湿地生态系统服务功能价值研究［D］．长沙：湖南师范大学，2012.
[64] 傅娇艳，丁振华．湿地生态系统服务、功能和价值评价研究进展［J］．应用生态学报，2007，18 (3)：681-686.
[65] 李秀芹，徐庆，张国斌．湿地生态系统服务功能及其恢复与保护对策［J］．中国林副特产，2008，(5)：82-85.
[66] 席宏正，康文星，鲁利宇．洞庭湖天然湿地营养元素的积累与归还效应研究［J］．水土保持学报，2009，23 (4)：232-235.
[67] 王晓龙，徐立刚，姚鑫，等．鄱阳湖典型湿地植物群落土壤微生物量特征［J］．生态学报，2010，30 (18)：5033-5042.
[68] 侯志勇，谢永宏，赵启鸿，等．洞庭湖湿地植物资源现状及保护与可持续利用对策［J］．农业现代化研究，2013，34 (2)：181-185.
[69] 谢永宏，李峰，陈心胜．洞庭湖最小生态需水量研究［J］．长江流域资源与环境，2012，21 (1)：64-70.
[70] 柏方敏，田大伦，方晰，等．洞庭湖西岸区防护林土壤和植物营养元素含量特征［J]. 生态学报，2010，30 (21)：5832-5842.
[71] 赵欣胜，崔保山，杨志峰．红树林湿地生态效益能值分析——以南沙地区十九涌红树林湿地为案例［J］．生态学杂志，2005，24 (7)：841-844.
[72] 陈为国，许文杰．湖泊生态系统服务功能影响因子分析与评价研究［J］．节水灌溉，2010，20 (12)：35-40.
[73] 许晴，许中旗，王英舜．禁牧对典型草原生态系统服务功能影响的价值评价［J］．草业科学，2012，29 (3)：364-369.
[74] 周兴民．生态系统的服务Ⅲ影响生态系统服务功能的主要原因［J］．青海环境，2010，20 (1)：37-41.
[75] 潮洛蒙，李小凌，俞孔坚．城市湿地的生态功能［J］．城市问题，2003，10 (3)：9-12.

后　记

“洞庭天下水，岳阳天下楼。”洞庭湖是湖南的母亲湖，在国际上享有盛誉。随着国家对洞庭湖开发利用的重视程度越来越高，其相关研究也日益成为湿地生态学领域的热点。作为一名生态学专业科研人员，本人密切关注着洞庭湖湿地研究的进展，近年来也一直从事对洞庭湖湿地的研究与探索。本书是在洞庭湖区域经济社会发展研究会资助项目“洞庭湖生态系统服务功能研究”、国家社会科学基金“洞庭湖区生态补偿机制研究”、湖南省哲学社会科学基金重大委托项目“洞庭湖生态经济区新型城镇化发展对策研究”等相关课题研究成果的基础上撰写而成，是上述课题研究成果的综合与凝结。

研究洞庭湖是一项长远而艰巨的任务，做好这项工作，需有对大自然极大的兴趣爱好、对事业的执着追求和对工作甘于吃苦的奉献精神。回想这些年来，在严寒酷暑的日子，每一次带领团队人员深入湖区调研、采集标本、监测数据的时候，内心都感到非常充实，感觉是在做一项伟大的事业。虽经历了种种艰辛，但目睹一项项成果的取得，心中倍感欣慰。本人先后承担了有关洞庭湖生态环境保护及社会经济发展方面的研究课题 20 余项，其中有国家级项目、公益行业科研专项等重大项目 7 项，取得了一系列研究成果，积累了丰富的研究经验，受到了领域内同行研究者的广泛肯定。未来，本人所带领的团队仍将继续致力于对洞庭湖的探索和研究。

对洞庭湖持久的热情和长期的辛苦劳动促生了这本著作。本书从数据调研、资料收集、着手撰写到最终定稿，中间经历了许多次校改与修正。每一次核证资料、完善书稿的过程，都是一次增长知识、开阔视野、自我升华的过程，其中凝聚了撰写人员大量精力与心思。在撰写过程中，我们从不轻易疏漏每一个细节和模糊之处，这是对本书负责，也是对每一位读者负责。

本书的出版，得到了洞庭湖区域经济社会发展研究会、湖南省社科规划办、中南林业科技大学、湖南城市学院、益阳市林业局、南洞庭湖湿地自然保护区管理局等单位领导的大力支持；我的学生董萌、傅晓华、胡治远、李燕子、王文涛、徐永立等为本书做了大量的工作；湖南大学出版社的肖立生、刘旺、尚楠欣等老师不辞辛苦，对本书进行了认真细致的校正和润色，在此向他们表示诚挚的感谢！此外，在本书撰写过程中，参阅和引用了许多同行学者的学术观点和研究成果，一并向他们表示感谢！

谨以此书，献给所有关心、支持我科研工作的家人、同事及朋友们！

赵运林

2014 年 8 月于益阳

编后记

“洞庭湖生态经济区研究”丛书是由湖南省洞庭湖区域经济社会发展研究会会长、原湖南省人大常委会副主任颜永盛同志主持的2011年湖南省哲学社会科学成果评审委员会“洞庭湖区域经济社会发展系列研究”重大委托课题的最终成果，目前已形成《洞庭湖生态经济区建设构想》《洞庭湖区腹地生态经济发展战略研究》《洞庭湖区域新型工业化战略研究》《洞庭湖区域产业结构调整研究》《农村城镇化研究——以洞庭湖区域为例》《解决洞庭湖区季节性缺水方案比较研究》《洞庭湖生态经济区建设与湿地保护研究》《洞庭湖生态系统服务功能研究》《湖南省洞庭湖区域建设系统性融资规划（2011—2015）》《洞庭湖的演变、开发和治理简史》等十余部专著。本丛书于2012年被列入湖南省重点图书音像出版项目，于2013年被列入“十二五”国家重点图书出版规划项目。

为了认真组织本丛书的撰写，湖南省洞庭湖区域经济社会发展研究会成立了编委会，由洞庭湖区域经济社会发展研究会名誉会长梅克保（国家质量监督总局副局长、原湖南省委副书记）、王克英（原湖南省政协主席）、吴向东（原湖南省委副书记）任顾问，洞庭湖区域经济社会发展研究会会长颜永盛（原湖南省人大常委会副主任）任主任，洞庭湖区域经济社会发展研究会副会长（以姓氏笔画为序）刘宏（原湖南省社会科学界联合会巡视员）、刘茂松（湖南师范大学教授）、李松龄（湖南大学教授）、柳思维（湖南商学院教授）、蔡四桂（原中南林业科技大学党委副书记）任委员。每本专著，都由省内知名专家撰写。丛书编委会在丛书付梓之际，对各位领导、各位专家的辛勤劳动表示衷心感谢！

在本丛书的组稿、评审、编辑、出版过程中，蔡四桂、刘宏、刘茂松、李松龄、柳思维、吴纪宁、杜登峰、周华做了大量工作，湖南大学出版社给予了大力支持，在此，一并表示感谢！

本丛书尚有许多不足之处，恳请有关专家继续深入研究，恳请读者批评指正。

丛书编委会

2014年4月